上海自然博物馆
Shanghai Natural History Museum
上海科技馆分馆
Branch of Shanghai Science and Technology Museum

猪八戒是黑猪还是白猪

主　编　宋婉莉
副主编　周　明

多样的生命世界
悦读自然系列

少年儿童出版社

多样的生命世界·悦读自然系列
编委会

总主编

王小明

执行主编

何　鑫

本　册

主　编

宋婉莉

副主编

周　明

统　稿

岑建强

科学审读

何　鑫　裴恩乐

撰　稿

（以姓氏笔画为序）

王晓丹　吕泽龙　刘　楠　玛　青　李雪梅　杨　旭　肖南燕
何　进　何　娅　何　鑫　余一鸣　宋婉莉　汪星辰　陈泳滨
杭　欢　卓京鸿　徐　蕾　高　艳　黄灵丽　梁　爽　葛致远

供　图

（以姓氏笔画为序）

何　鑫　陈泳滨　周　明

部分图源

视觉中国　全景

有声播讲

董　毅

目录

优雅的"顺拐"者

文 / 高　艳

　　提起非洲动物，人们脑海中的第一反应不外乎是英俊威猛的狮子、闲庭信步的长颈鹿，或者是呼啸而过的斑马、母慈子孝的大象等。本文要给你介绍的，是一位很少露脸的"森林贵妇人"——獾㹢狓（读音：huò jiā pī），拉丁学名 *Okapia johnstoni*。獾㹢狓生活在非洲海拔 500 米到 1000 米的热带雨林和高山森林中，因为平时的出镜率非常低，所以它完全称得上是一种神秘的动物，以至于国际神秘动物学学会（International Cryptozoology Society，简称 ICS）的官方标志就是獾㹢狓。

虽然这种神秘动物早在古埃及人的壁画中就已经有了记录，但是直到 20 世纪初，它们才被英国殖民者捕获并命名，这在大型动物中是很罕见的。更为奇特的是，自从人们在 20 世纪初捕获了几头㺢㹢狓活体并在欧洲和美洲圈养后，便再也没有发现过它们的踪影，㺢㹢狓的野外种群似乎自那以后便销声匿迹了，甚至一度被归于"已灭绝"物种。

转眼到了 2006 年，人们终于又在刚果的热带雨林中发现了㺢㹢狓的神秘踪迹。目前，除去圈养的百来头㺢㹢狓外，其野外种群数量一直调查不清，虽然科学家估计它们的总数在两三万头，但依据不是特别充分。因此，㺢㹢狓已被列入世界自然保护联盟（简称：IUCN）濒危物种红色名录的濒危（EN）级别。

看了㺢㹢狓的照片，你能猜出它和哪种动物有亲戚关系吗？马、驴、骡、斑马，还是长颈鹿？

在古代壁画和传说中，㺢㹢狓有时是奇怪的驴，因为它的名字在原住民语言中的意思就是"住在森林里的驴"；有时它是另类的斑马，因为它的体形似斑马，皮毛上的颜色特殊，尤其是臀部和腿部有类似斑马的条纹；有时它又是畸形的"骡"类物种，因为一部分传言认为它们是长颈鹿和斑马"通婚"的产物。

即便在科学家获得了它的部分皮毛时，他们也把这种奇特的动物归入马属，直到获得完整的皮毛和骨骼标本，人们才认识到矔狪狓与奇蹄目的马不是一家，而应该归入偶蹄目。其实，矔狪狓应该属于偶蹄目中长颈鹿的亲戚，长颈鹿的祖先即冰川时期的短颈长颈鹿，就和矔狪狓长得很像。今天的长颈鹿和矔狪狓之间，也多有相似之处。

相似一："顺拐"走。和长颈鹿一样，矔狪狓在走路时，同侧的双肢会一起向前或向后，是典型的"顺拐"式步行。但和人类的"顺拐"不同的是，矔狪狓这样走路不但不别扭，反而看起来非常优雅，因此得到了"森林中的贵妇人"的雅号。

相似二："Wi-Fi 角"。和长颈鹿一样，矔狪狓头上有两只包着皮毛的带鹿茸的短角，形似路由器张开的两根天线。以前，这一"类角结构"一直被认为是长颈鹿独有的；现在，人们发现雄性成年矔狪狓的头上也有相似的角，但雌性没有。比较起来，长颈鹿的类角结构更大，雌性头上长有两只，而雄性在头顶中间还多长了一只。

相似三："雷达耳"。矔狪狓头顶顶着两只雷达般硕大的扇风耳，和长颈鹿一样，这对灵敏的耳朵能转动，可以随时判断声音的来源，并判定是否是豹子一类的天敌。一有风吹草动，生性谨慎的矔狪狓便会闪身躲进密林，这大概也是它长期以来难以被人类发现的原因吧。

除了这些和长颈鹿的相似点之外，㺢㹢狓还有一些自身的特点。首先从外观上看，成年的㺢㹢狓体重200千克左右，体长约2米，肩高超过1.5米，尾长约30厘米，是一种和马较为相似的大型哺乳动物。其次从食性上看，㺢㹢狓是植食动物，它的主食为树叶和草叶，尤喜嫩叶，辅食为果实和真菌。从行为上看，㺢㹢狓是一种独居动物，它以尿液来标记领地，仅在繁殖季节成双结对。从细节上看，㺢㹢狓还拥有一条长达30厘米的蓝色舌头，这简直是它的特殊标志。这根舌头灵活多用，不仅是卷取嫩叶和果实的工具，还是喝水、清洁眼睛、耳朵，甚至是清洁皮毛和臀部的装备。

更加让人匪夷所思的是，獾狐狓深藏于深山密林之中，除了豹会偶尔闯入它们的领地外，非洲草原上的其他主要猎食者如狮子、鬣狗等都与獾狐狓没有什么交集，但它们的警戒心却仍然极强。观察发现，獾狐狓每天的睡眠时间仅有 1 小时左右，比只睡 3 小时的马还要少得多，它甚至只要打 5 分钟瞌睡就可以精神一整天。有了密林和警惕性的双重保护，猎食动物想要吃到獾狐狓的"唐僧肉"，怕是白日做梦了。

也正因为如此，獾狐狓才可以在高海拔的密林中闲庭信步，维持它的优雅仪态。

睡不醒和睡不着的动物们

在哺乳动物的世界里，有的差不多整天在睡觉，其中最能睡的是蝙蝠，每天要睡 20 个小时，袋鼠、刺猬和老鼠也都是睡觉大王。而有的差不多整天醒着，其中马、牛、羊、驴、象等都只睡三四个小时，马还能站着睡觉呢！

一直被追杀，从未被绝杀

文 / 高　艳

本文来聊聊一位奇特的"猪"朋友：土豚。

土豚（*Orycteropus afer*），英文叫 aardvark，源自非洲当地的语言，意思是土猪。成年土豚肩高 60 厘米左右，体长 1 ~ 2 米，体重 50 ~ 80 千克，体形大者可达 100 多千克，外表看上去就是一头相貌怪异的"土猪"。这只"土猪"喜欢吃白蚁和蚂蚁，就像食蚁兽一样。不过，在分类上，它既不是偶蹄目猪科的猪，也不是披毛目食蚁兽科的食蚁兽，而是属于哺乳纲中独树一帜的管齿目，因为管牙是土豚的重要标志！

土豚是那种只需看一眼，就能令你难忘的动物。它长着猪鼻子、驴耳朵、食蚁兽的舌头、袋鼠的尾巴，加上灰色的身体、稀疏的刚毛和粗短的四肢，称得上是又一个长相奇特的"四不像"。

　　虽然长得不怎么样，但土豚的适应能力很强。它们栖息于撒哈拉沙漠以南的热带稀树草原和森林环境中，一般单独生活，白天藏在洞穴中休息，借以躲避炎炎烈日和如狼似虎的掠食者；黄昏至清晨时分外出觅食、活动。土豚的领地意识薄弱，走到哪里是哪里，即便是自己辛苦挖出来的洞，也不会珍惜。

　　土豚有如此强的适应能力，其实源于它身上的精良"装备"。下面我们就来解开它的技能包，仔细看看那些"装备"吧。

　　装备1：顺风长驴耳。土豚的耳朵又尖又长，就像一对驴耳。这双耳朵听力极佳，对它们寻找食物和躲避天敌都有极大的帮助。当它们将耳朵贴近地面时，甚至可以探听到白蚁在地下或穴内活动时发出的细微声音。

　　装备2：灵敏长猪鼻。土豚长了一只比一般的猪还要长的"猪鼻"，前端管状，里面沟壑纵横，布满感觉细胞，这使它的嗅觉非常灵敏。因此，即便仅仅依靠它奇特的鼻子，土豚也能锁定白蚁和蚂蚁所在的位置。

　　装备3：尖利金刚爪。听到、嗅到还不够，一定要挖出并吃到嘴里，这才是吃货土豚的追求。靠着四肢上的锋锐趾爪，土豚成了杰出的"掘地兽"。据推测，就算10个成年人一起挥舞镐锄和它比赛挖洞，赢家仍然会是土豚。要知道，白蚁穴十分坚硬牢固，但土豚的利爪却游刃有余，能成功开挖白蚁穴。

　　装备4：细长黏舌头。土豚的舌头又细又长，伸缩自如，上面布满胶水般的黏液。白蚁穴被挖开后，土豚伸出灵巧的舌头四下探取，简直是横扫千军。白蚁大军逃无可逃，很快就被卷入土豚的大胃。饭量极大的土豚，一夜可以吃掉50 000只白蚁。

装备5：独门管状牙。土豚的牙齿与众不同，没有门齿，没有犬齿，上下颌各有2对前臼齿和3对臼齿。这些牙齿终生生长，每颗牙齿中间伸出一根管状延长部分，所以在咀嚼面上，就是一批小管的集合体，就因为这个特点，土豚被单独列在哺乳动物的管齿目中。不过，这些奇特的管状牙到底派什么用场，科学家还不是特别了解，因为吃白蚁和蚂蚁，靠那根灵巧的长舌就够了。

装备6：粗长袋鼠尾。土豚的尾巴又粗又长，肌肉发达，很像袋鼠的尾巴。除了偶尔支撑身体站立、驱逐蚊蝇外，人们目前还没发现它的其他功能，也许日后科学家会有更多发现吧。

虽然土豚身上有着生存所需的神奇装备，但它的缺点也相当明显，第一大缺点就是健忘。要吃白蚁的时候，挖！要躲起来的时候，挖！土豚依靠自己的利爪，轻易就能在地下挖出很多洞。有时候，洞和洞彼此相连，能够绵延几十千米，组成规模浩大的"地下宫殿"。但是这些地宫的主人记性糟糕，往往睡完一觉起身就走。由于随遇而安的它们转头就去另建新宅了，非洲草原上便经常出现一些无主的土豚洞，这个时候，蜥蜴、蛇、蜜獾、疣猪，甚至狮子、豹子这样的大型动物就会来占便宜，甚至当地的土著人偶尔也会利用土豚的窝来躲避风雨。

土豚的另一个缺点就是弱。在土豚的生活环境中，狮子、豹、猎豹、蟒蛇、眼镜蛇、鬣狗、非洲野犬等都可以对它下手。纵然土豚能够依靠灵敏的嗅觉和听觉逃过很多次追杀，但只要一朝不慎，就会变成他人的盘中餐。此外，人类也会因为各种原因对它们展开狩猎，如食用、药用，或以其皮毛制衣、以其齿制手链等。

　　虽然生存环境严酷，但土豚却长盛不衰了数千万年，堪称活化石。究其原因，除了它们自身的适应性强，食物来源充足应该也是一个关键因素，毕竟在土豚生活的地方，白蚁、蚂蚁实在是太多了。而且，不挑食的土豚还吃各种昆虫、小型啮齿类以及其他不同动物产的蛋，这些食物源多半本就在地下，对于土豚这样善于挖洞的"地下工程师"而言，可说是得来轻而易举！

土豚和土豚黄瓜

在南非大草原的干旱地区，生长着一种极不寻常的植物——土豚黄瓜（*Cucumis humifructus*）。这是一种一年生植物，当旱季来临时，它们的地上部分干枯死亡，但埋入地下的果实却成熟了。由于果实有一个坚硬的防水外壳，因此即便埋在10～30厘米深的土里数月也不会腐烂。这就给了土豚机会，它用嗅觉灵敏的鼻子探索土壤缝隙，循着幽幽清香轻松发现土豚黄瓜的地下果实，随即利用强大的利爪，把果实从干燥的土壤中挖掘出来。在旱季，这份多汁的土豚黄瓜，简直是土豚续命的救星。

作为回报，土豚习惯将未被消化的黄瓜种子随其粪便带到别处一同埋起来，让它们得到充分的营养，继续生根发芽。土豚是土豚黄瓜传播种子的单一动物物种，如果土豚灭绝，土豚黄瓜几乎会面临相同的命运，它们真可谓是一对"相依为命"的伴侣。

此"猪"非猪

文/何 鑫 高 艳

上海动物园里的豪猪

　　在动物界，有不少动物的名字听上去和猪有关系，但实际上却根本不是猪。

　　首先要提的就是大名鼎鼎的豪猪。在大多数人的脑海中，豪猪就是一些浑身长刺的家伙。在全世界，和我们的这种认知相符合的豪猪有11种，主要分布于非洲、欧洲的地中海沿岸，以及亚洲西南部、南部、东南部的热带和亚热带森林、草原中。我国的南部和中部各省，如云南、贵州、四川、广西、广东、福建、湖南、江苏、江西、浙江、陕西和贵州等地均有

北美豪猪

豪猪的分布，它们都是中国豪猪（*Hystrix subcristata*）。中国豪猪和马来亚豪猪长得非常像，甚至有人认为它们是同一物种，但实际上目前科学家已经把中国豪猪作为一个独立物种了。由于豪猪栖息于山坡、草地或密林中，一般穴居，且夜间活动，因此在野外很难见到它们。

豪猪是个"刺客"，但它的刺不是为了进攻，而是为了防御。它只吃植物，食物范围包括根、块茎、树皮、树叶和果实。

豪猪宝宝

豪猪浑身带刺，是不是从一诞生时就这样呢？自然万物都有自己的繁衍智慧，刚出生的时候，豪猪宝宝的刺就像毛一样，这些毛是柔软地伏在宝宝身上的，所以分娩过程中豪猪妈妈并不会被刺伤，随着宝宝的成长，这些毛才会硬起来成为棘刺。

开普敦豪猪

　　成年豪猪身上虽有大量棘刺，但这些棘刺日常都平覆于体表，只有在遇到敌害或发怒时才会迅速竖起。借助肌肉的收缩，这些棘刺还会不停抖动，互相摩擦发出"唦唦"的响声，同时豪猪嘴里发出"噗噗"的恐吓声，以此吓跑敌人。

　　不过，豪猪并不是猪，这些长刺的家伙其实是聪明活泼的鼠类。在生物学中，鼠类其实是啮齿类的泛称。在分类学中，啮齿类就是啮齿目（Rodentia），它们在英文中被称为rodent，其中的词源来自拉丁文rodere，意思就是"啃"。

　　相信你已经猜到了，豪猪与常见的老鼠有同样强大的啃咬能力。这个特点隐含的其实正是啮齿目最重要的身体特征——那就是它们的上颌和下颌各有两颗会持续生长的门牙，啮齿类必须通过啃咬来不断磨短这两对门牙。中文"啮齿"两字也正是此意。

豪猪形亚目（Hystricomorpha）是啮齿目中重要的一部分。如果仅仅把豪猪拿出来看的话，它似乎和其他毛茸茸的鼠类差别太大，但其实，豪猪科中也有和鼠类很像的，比如帚尾豪猪（*Atherurus macrourus*）。

在豪猪形亚目这个大家庭中，除了豪猪科，其他科的动物身上没刺的也不少。

比如，分布于东非的豪猪形亚目滨鼠科的裸滨鼠（*Heterocephalus glaber*），就是一个全身没有毛、皮肤皱巴巴的家伙，全身最突出的只有两对大门牙。它完全适应地下穴居生活，就像没有毛的鼹鼠，所以也会被称为裸鼹鼠。

俗称"荷兰猪"的温顺宠物豚鼠（*Cavia porcellus*），也是豪猪形亚目的成员，属于豚鼠科（Caviidae）。它的祖先分布于南美洲的安第斯山脉。有研究表明，人们饲养的豚鼠其实是多种豚鼠属野生物种的杂交驯化后代，具有多种毛色和形态，既作为宠物被人们所熟悉，同时也是重要的实验动物。

豪猪形亚目豚鼠科中还有世界上体形最大的啮齿类动物——水豚（*Hydrochoerus hydrochaeris*），它的体长能达到 1 米以上，体重接近 50 千克。作为一种依水而居的动物，水豚基本处在半水栖的状态，带蹼的脚使它们在水中活动自如。泡在南美洲亚马孙河流域的水豚，习性与小河马有几分相似，动作安详，常常显得怡然自得。不过当它真的遇到危险时，反应和动作一点也不慢，灵活胖子的属性显露无疑。

水豚

海狸鼠

在中国的野外，我们常常还能看到一种会游泳的大型鼠类，这就是海狸鼠（*Myocastor coypus*），它也归属于豪猪形亚目。作为海狸鼠科（Myocastoridae）的代表，它其实也原产于南美洲，后来在全世界被广泛引入，在有些地方甚至成为毛皮兽饲养种类。它们虽然也喜欢游泳，但尾巴可不像真正的河狸那样呈桨状，而是普普通通的"鼠尾"。

绒毛丝鼠

要说豪猪形亚目近年来在大众文化中的明星，那就非毛丝鼠科的绒毛丝鼠（*Chinchilla lanigera*）莫属了，因为它有一个伴随着动画片产生的俗名——龙猫。龙猫毛发蓬松、柔软顺滑，尾巴又很长，天生一副可人的外表。在野外，这位"明星"主要分布于南美洲安第斯山脉上的高原地区。由于受到大量捕捉的影响，种群数量急剧下降，如今真正野生的绒毛丝鼠只有千只左右，属于濒危动物。

说了那么多属于豪猪形亚目的"鼠辈"，现在你对于豪猪形亚目的动物是不是有了更全面的认知呢？同时，你对于鼠类的印象是不是也得到了更新？其实，我们可以发现，啮齿目动物中的大多数种类都是无害的，有些甚至处于濒危状态。即使是那些总是被定性为害兽的鼠类，也是它们所处的生态系统中不可缺少的组成部分，众多处于食物链更高层的食肉动物都以它们为食，缺失了它们，就缺失了食物链中的重要一环，会对环境产生深远的影响。

老挝岩鼠

豪猪形亚目近年来的"新星"是 2005 年才被正式命名的老挝岩鼠（*Laonastes aenigmamus*）。

在 21 世纪还能发现并命名新的哺乳动物物种，本身就是很难得的，更特别的是，形态和分子分类学家以及古生物学家仔细研究后认定老挝岩鼠其实属于早在 1100 万年前就已经灭绝的硅藻鼠科（Diatomyidae），老挝岩鼠也因此被称为"啮齿目中的腔棘鱼"。

非洲巨鼠原来是"英雄鼠"

文 / 李雪梅

在自然界，有些动物身怀绝技，可以承担多个"工种"，比如非洲巨鼠，它是扫雷特种兵、肺结核检测员、海关检验员。在科学家的帮助下，非洲巨鼠还在拓展自己的各种神技，并有望在不同领域不断刷出新高度。

那么，非洲巨鼠到底是一种怎样的动物呢？

非洲巨鼠并没有"巨型"的样子

　　非洲巨鼠（*Cricetomys gambianus*）属啮齿目，体长可达90厘米，也被称为冈比亚巨鼠。它的脸部有像仓鼠一样的面颊小袋，因为喜欢把吃不了的食物存放在腮帮子里，所以它还有一个别称叫"非洲巨颊囊鼠"。非洲巨鼠通常在夜晚活动，面颊小袋方便它收集更多的坚果。有时候，非洲巨鼠会由于面颊小袋装得太鼓鼓囊囊，以致无法挤过洞穴的入口。

　　从塞内加尔到肯尼亚，非洲巨鼠在撒哈拉以南的非洲地区广泛分布。它们的足迹散布在森林和灌丛中，也常见于白蚁丘。不过，虽然被称为"巨鼠"，但其实它的体重通常仅在1～1.4千克之间，个别的可能会有家猫那么大。非洲巨鼠是杂食性的，虽然它也吃蔬菜、昆虫、螃蟹、蜗牛等，但更喜欢棕榈果这类坚果。由于非洲巨鼠性情比较温驯，而且嗅觉异常灵敏，因此，它才有机会成为多个"职位"的有力竞争者，并在各个领域大展身手。

开启探雷模式

据说，非洲安哥拉有一个村子，那里在内战结束以后留下了很多地雷，孩子们因此没法去上学，农民下地干活也无时无刻不在提心吊胆。后来，欧洲的一个扫雷组织来到此地，该组织训练非洲巨鼠用于探测地雷。经过非洲巨鼠的"工作"，村子里残存的地雷被全部清除，村民们终于可以在安全的土地上耕作了。

令人称奇的是，在扫雷过程中，非洲巨鼠接近零伤亡！这是因为非洲巨鼠身体轻盈，即使误踩地雷也不至于将其引爆。一只非洲巨鼠花30分钟探明的地雷和其他危险爆炸物的数量，相当于一名探雷人员4天的工作量。加上人工饲养的非洲巨鼠寿命可长达8年，显然这是一项回报率极高的投资。

那么人们是如何训练非洲巨鼠的呢？答案是利用条件反射。每次喂食前，训练人员会打开三个通道，其中一个通道放着火药，另外两个放着普通粉末。如果非洲巨鼠能正确分辨出火药，就会得到食物奖励。非洲巨鼠有着异常灵敏的嗅觉，所以训练人员只需要耐心和时间，就能成功完成驯化任务。

训练中的非洲巨鼠

从 2004 年第一批服役的 20 只非洲巨鼠开始，迄今，在莫桑比克内战时期留下的约 50 万枚地雷已全部被巨鼠探明，而且"扫雷特种兵"的"阵亡"率为零。在 2013 年的一次任务中，非洲巨鼠探测出了超过 1.6 万枚爆炸物，包括 2406 颗地雷、996 颗炸弹和 13 025 件枪械弹药。

在扫雷计划大获成功的基础上，非洲巨鼠又拓展了新技能，那就是成为肺结核检测员。结核病在非洲是一类多发病，而很多非洲国家检测设备落后，检测时间较长，有时候还会误诊。由于非洲巨鼠本身对结核病菌免疫，因此可以利用它敏锐的嗅觉来分辨病菌。事实上，有些用仪器检测也无法确诊的样本，非洲巨鼠却能准确做出反应。

肺结核检测训练的过程和排雷训练异曲同工。训练人员先让巨鼠记住结核病菌的"味道"，随后让它去嗅唾液样品。当巨鼠成功嗅出结核病菌时，就会得到食物奖励。

排雷训练

非洲巨鼠变身肺结核检测员　　　　　　非洲巨鼠展示嗅觉功能

　　在坦桑尼亚有个6岁的小男孩，有段时间病得很厉害。虽然医生怀疑他得了肺结核，但医院用仪器检测了他的唾液样本，却什么也没查出来。男孩的身体越来越虚弱，病到连学也没法上。更不幸的是，不久后他的妹妹也病倒了。这时，经过训练的"特种兵"非洲巨鼠出场了。它对男孩的唾液样本做了复检，嗅出了其中的肺结核病菌。又经过仪器的再次确认，男孩的肺结核终于被确诊。后来，经过治疗，男孩和他的妹妹都幸运地康复了。

　　目前，非洲巨鼠在坦桑尼亚、莫桑比克以及埃塞俄比亚的一些医院里，已经获得肺结核检测员的"岗位"。

　　非洲巨鼠还将继续拓展自己的"职业"，有望加入打击非法野生动物贸易的队伍。

非洲大草原是个动物王国，也是盗猎者虎视眈眈的宝藏之地，其中，穿山甲是被贩运最多的动物之一，非法贸易已经使它走到了濒临灭绝的边缘；其他还有非洲象、犀牛等大批被偷猎者觊觎的珍稀动物。2016 年，非洲巨鼠开始接受在货轮上搜寻穿山甲鳞片的训练。2017 年，非洲巨鼠开始学习检测隐藏在瓷砖、咖啡豆和纸板等材料中的野生动物产品。这个项目的最终目标，是希望非洲巨鼠可以嗅出象牙和犀牛角的味道，在守护非洲野生动物的同时，将偷盗分子绳之以法。

　　依靠出类拔萃的嗅觉，非洲巨鼠成为了身兼数职的"英雄鼠"。经过训练，它已经可以或即将在扫雷、结核病菌检测、野生动物缉私等工作中担当重任。未来，它一定还能拓展自己的技能包，因为已有实验发现，非洲巨鼠还能在马粪中检测出沙门氏菌，这是一种容易让人得肠胃炎的病菌。让我们一起期待这种神奇动物的开挂"鼠生"。

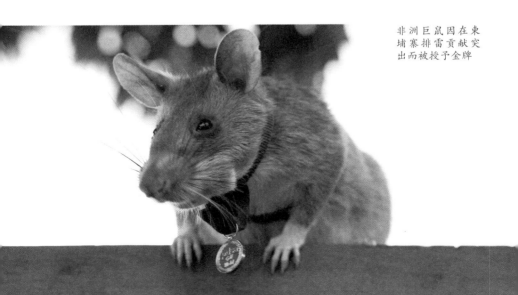

非洲巨鼠因在柬埔寨排雷贡献突出而被授予金牌

真的有比狼还凶的狗吗

文 / 宋婉莉

距离南美大陆 1000 千米的太平洋上，有一处动植物天堂——加拉帕戈斯群岛，那里曾赋予了达尔文形成进化论的灵感。岛上有奇花异草，有珍禽异兽，该岛是联合国教科文组织认定的世界自然遗产，禁止任何人在此捕杀野生动物。但有一群家伙偏偏不遵守号令，它们就是岛上的野狗。

加拉帕戈斯群岛的野狗捕食海鬣蜥

灰狼

野狗是人类遗弃的家犬慢慢野化而来的。在加拉帕戈斯群岛上，野狗不仅捕食海鬣蜥、鸟类，也吃笨拙的陆龟，甚至对海狮大开杀戒。它们中有一群的品种是哈士奇，这一原产于西伯利亚寒冷地区的犬种，适应能力极强，逸散到野外后，俨然成了专门针对当地小型野生动物的杀手。而且，跟常常独自游荡的野狼相比，野狗群声势浩大，因而对岛上的物种造成了不少威胁。

我们一般所说的狼（*Canis lupus*），有时会从英文名直译为灰狼，也俗称野狼，属于哺乳纲食肉目犬科犬属下的一个种。而狗则是狼的亚种：家犬，是狼被人类驯化而形成的一个类群。

在犬属动物中，还有郊狼、红狼和豺等近 40 个物种，但只有狼才是家犬真正的祖先。

　　狼的栖息范围十分广泛，适应力也极强，因此，在整个北半球的山地、林区、草原和冰原地带，都曾经有狼群出没，这也为狼被人类最早驯化提供了条件。狼在世界各地有不同的亚种，不同亚种的狼又被不同的人驯化，加上不同的栖息环境，因此形成了不同品种的狗。目前，全世界有 40 多个亚种的狼，产生了 500 多个品种的狗。

　　狼有狼性，"凶残"是形容它赖以生存的捕食手段。除此之外，狼还有不少其他特性。

　　一夫一妻制。狼实行一夫一妻制，公狼的求偶期相当漫长，其间要经受诸多考验，只有锲而不舍、努力表现，才能博得母狼的青睐。求偶成功后，公狼在一年中只发情两次，其余时间都专注于捕猎事业，也会把猎物带回家与母狼分享。在母狼怀孕时，公狼更会细心照顾。

一对公狼母狼

狼群等级制。一个狼群通常只有7头狼左右，实行严格的等级制。以家庭为单位的狼群，领导者是那对优势夫妻；以兄弟姐妹为单位的狼群，领导者是最强壮的头狼。在围捕猎物、争夺领地等战斗中，领导者总是身先士卒并保护弱者，这也是狼性中最为可贵的地方。

当然，为了使狼群产生更加优质的后代，狼群中的公狼和母狼不会近亲繁殖。一方面，母狼会无情拒绝群内公狼的亲近，这是它们的天性使然；另一方面，母狼的生殖器官结构特殊，只有全力配合，交配才能完成，否则，公狼的努力都是徒劳的。

嗥叫沟通制。人类之间的交流主要靠语言，犬科动物的交流主要靠嗥叫。有研究表明，犬科动物使用 21 种不同的嗥叫来交流，哪些嗥叫来自同伴，哪些嗥叫来自陌生狼，它们都清清楚楚。如果把这些嗥叫看成是话语，那犬科动物每个亚种的嗥叫就相当于自己的方言。狼是一种夜行性动物，虽然它们的夜视能力非常强，但在寻找失散的队友、宣示自己的领地、寻求附近的母狼，尤其是在开展集体行动时，嗥叫之声是它们相互联系的最重要的渠道。

　　一万多年前，世界各地的狼，有一部分被驯化。关于狼到底是如何被人驯化的，最普遍的说法是"主动当狗"，因为只有人类有充足的食物来满足它们。在这一过程中，狼进化出了能够消化淀粉的基因。并且，为了适应人类农业社会的发展，野狼主动地融入人们的生活当中，看家护院、助猎争宠，这才有了品种丰富的狗。

格陵兰岛的雪橇犬

那么，现在如果再把狗丢到野外，它们还能野化成狼吗？

在澳洲广阔的野外，有一种野狗，被称为澳洲野犬，当地人管它们叫"丁狗"（*Canis lupus dingo*）。这些野狗本是家犬，被人遗弃后开始野化，经过数千年的适应，成为了野狼的一个亚种。澳洲野犬在澳洲广大的土地上几无对手，平时就以猎杀各种野生动物为生，成群结队。虽然澳洲野犬行事彪悍，但外表看起来却像"村里的大黄"，并不是想象中的恶狼模样。

　　事实上，除了澳洲野犬，世界各地都有野化的家犬在游荡，它们抱团生活，猎杀各类野生动物，适应能力非常强。有研究者指出，被遗弃的家犬不久就能恢复野性，未来，它们很有可能成为比狼更成功的"野生动物"，因为它们不仅在饮食上百无禁忌，更重要的是，知道如何与人类相处。

澳洲野犬

狐界的"头部网红"

文 / 刘　楠

　　狗被视为人类的朋友，特别是各种宠物狗，长期霸占着"网红"宠物的位置。相比之下，同属于犬科的狐，则显得相当低调，直到 2016 年，狐界的藏狐（*Vulpes ferrilata*）因为一个表情包火遍了全网，这才让人们从此认识了这位"萌兄"。

一个冷漠耍酷的表情包，让默默无闻的藏狐，瞬间坐上了"头部网红"的宝座。其实，这个表情包的主人，早在2006年推出的一部纪录片《地球脉动》中就曾出场，并展现了1分34秒的捕猎镜头。2016年前后，关于藏狐的"魔性"表情包诞生了，在点燃全球网友热情的同时，也带火了10年前的那个纪录片片段。从此，来自世界各国的"藏狐迷"们开始挖掘各自的脑洞，木雕、漫画、蛋糕……各类周边一发不可收拾。最终，集齐了"槽点""热度""市场"三把通关钥匙的藏狐，成功跻身狐界"头号玩家"之列。不过，上述这些都还只是人类自己的狂欢，要想真正了解藏狐，我们还需走进藏狐的真实世界。

藏狐的大名透露了它的"户口所在地"——青藏高原。它是特化的高原物种，仅分布在青藏高原，其分布范围涉及我国的西藏、新疆、青海、甘肃、四川等地以及印度和尼泊尔。

极富挑战的高海拔地域，让这个物种长时间默默无闻，不仅寻常百姓对它一无所知，它甚至一度是科学界的研究盲点，世界自然保护联盟关于藏狐的页面简介，长期写着"针对该物种自然史的了解知之甚少"。

2012 年 7 月，那时候藏狐还没火，笔者跟着导师第一次来到海拔 4000 米以上的四川省甘孜州石渠县采样，我们的主要目标之一是藏狐的"便便"，因为动物的粪便中含有许多有价值的信息：未消化的食物残渣、脱落的肠道细胞、携带的细菌病毒和寄生虫卵等。

藏狐通常会用粪便来标记领地，因此，栖息的洞穴、喝水的河边、领地醒目的高地等都是它理想的"厕所"。我们可以在不伤害，甚至不用看见藏狐的前提下获得许多信息，这比直接和活体打交道容易多了。在高原的一个月，我和藏狐的见面次数不超过 5 次，却捡到了它们上百坨的"便便"。

身为一名高原"粪青"，笔者每天要做的就是"进沟巡山"。所谓"进沟"是骑摩托沿相对平坦的山沟进入目的地；所谓"巡山"就是沿着草原坡道走 Z 字，直到把坡上的粪便"洗劫一空"。机械的行进路线、耳边嗡嗡不停的牛虻、突如其来的冰雹……都在不断考验我们的意志力，好在 7 月的高原百花盛开，美丽的风光算是身心俱疲时的最大慰藉。

口衔猎物的藏狐

　　在我们进沟巡山的过程中，经常会遇见犬科"三剑客"：藏狐、赤狐和狼。怎样才能在野外迅速分辨出它们是哪一种呢？

　　首先，狼的体形比狐大了一个量级，姿态和家养的狗更加相似，毕竟两者本来是一家。其次，赤狐是中国分布范围最广的一种狐，其耳朵、尾巴、四肢都要修长一些，有典型的尖脸，走起路来更显俊俏飘逸。

　　至于本文的主角藏狐，由于其下颌骨的颌角没有赤狐的小，看起来下颌比较粗壮，形成了一张"大方脸"。但如果仔细对比藏狐和赤狐的头骨，就会发现藏狐的吻部反而更加细长。所以，"大方脸"的形成主要还是取决于观察角度——正面拍摄加上藏狐蓬松的脸毛作祟。而要看出藏狐的"尖下巴"，只需待它侧身飞奔就行。这时候，你就需要知道藏狐有别于赤狐的第二个特点——敦实。由于藏狐四肢、耳廓、尾巴均更短小，它行动起来就没那么轻巧，反而多了一种"鬼鬼祟祟"的感觉。当然，小短腿也不是完全没用，这让藏狐在捕猎时可以更加贴近地面，依靠植物做掩护，快速接近猎物。

赤狐

藏狐火了，人们对它的认识更充分了，这是一件值得庆幸的事，因为了解和关注是保护的开始。

藏狐的邻居

如果要挑选藏狐在草原上最重要的两个邻居，非高原鼠兔和喜马拉雅旱獭莫属。高原鼠兔是形似老鼠的兔子，是藏狐最重要的食物来源。而喜马拉雅旱獭是帮藏狐造房子的"长工"。藏狐住在洞里，但它从不自己挖洞，常常抢占旱獭的洞穴。不过，由于体形上并不完全占优势，藏狐也只能拣"软柿子"捏，一旦碰上强壮的成年旱獭，力有不逮的藏狐常常只有落荒而逃的份。

高原鼠兔

这是一个南美"名模"

文 / 杭　欢

说起南美洲，除了足球，也许你还会想到知名模特，比如在里约奥运会开幕式上惊艳全场的南美名模，个个都是大长腿，身材傲娇！

其实，在南美洲动物界，也有身材堪比"名模"的选手，它们不仅有逆天大长腿，有的看上去还好像穿了黑丝袜，例如鬃狼（*Chrysocyon brachyurus*），它主要分布在南美洲的巴西、巴拉圭、阿根廷、玻利维亚。

　　鬃狼肩高 90 厘米左右，体长（头部加身体）约 1
米，尾巴长约 45 厘米，平均体重为 23 千克。它的脖
子后面到肩膀长有长长的黑色毛发，当受到对手威胁
时，这些毛发会竖起来，让自己显得更加庞大威武。
不过，虽然鬃狼形象威严，但性情却与形象并不匹配，
它既不是狼，也没有狼性，基本上是徒有虚名。那么，
这位"名模"是如何在草原这个"秀场"过日子的呢？

　　棕红色的皮毛、黑色的脚、妖娆的小脸和竖立的
大耳朵，如果仔细观察鬃狼，你会发现它更像是一只
踩着高跷的狐。不过它并不属于狐，而是在犬科中自
成一派，是鬃狼属（*Chrysocyon*）的唯一一种。从基因
组测序结果来看，与鬃狼亲缘关系比较近的是南美薮
犬（*Speothos venaticus*）。这个外表萌萌的短腿小狗
十分凶悍，甚至会联合起来攻击大块头的南美貘呢！

当然，鬃狼最引人注目的还是它的大长腿，这让鬃狼的身材显得非常苗条。事实上，鬃狼是南美洲最大的犬科动物，也是野生犬类中最高的，肩高比最高的狼（*Canis lupus*）还要高 7 ~ 8 厘米。鬃狼的大长腿应该是适应栖息地高草的结果，借助灵敏会转动的大耳朵以及出众的视力，这位猎食者很容易捕捉到躲在草丛中的猎物的动静。

跟狼或非洲野犬不一样的是，鬃狼并不成群生活，而是独来独往。通常，它会在日落和夜间出猎，借助眼睛和耳朵发现猎物的踪迹后，先用前脚轻拍地面，把猎物从草丛中驱赶出来，然后迅速出击。不过，鬃狼其实并不是一个很好的猎手，跟其他犬科动物不同，鬃狼的食性是杂食性的，而且超过一半的食物都是素食，包括甘蔗、植物的块茎和水果等，尤其喜爱外形长得跟番茄似的茄属植物狼苹果（*Solanum lycocarpum*）。据报道，在动物园里圈养的鬃狼被饲养员按照传统方法喂食大量的肉食后，居然会得膀胱结石。

鬃狼

南美薮犬

43

叼着幼崽的鬃狼

鬃狼的性情跟它的食性倒是匹配的，外表凶悍的它其实是个温和派，不但不会对人类造成直接伤害，而且在受到惊吓时会转身逃跑。以前，人们受鬃狼外表的误导，总是认为它会攻击羊和牛等家畜，所以对它痛下杀手，甚至导致该物种处于近危的状态。

鬃狼身上还有一些其他特点，比如它的尿液气味很独特，因为其中有一种叫吡嗪的化学物质。由于啤酒花或大麻中也有吡嗪，因此它的尿液味道闻起来就像啤酒花或大麻。另外，鬃狼走路时会"顺拐"，可能是腿太长了吧，但看着并不别扭，这就跟长颈鹿一样。

虽然由于人类活动的加剧，鬃狼的栖息地不断减少，但是好在人们对它的认识也发生了很大的变化。迄今为止，巴西政府已经设立了多个保护区，世界上的很多动物园也成功实现了鬃狼的繁殖。在人类的保驾护航下，这位南美草原上的长腿"名模"一定会给我们带来更多惊喜。

奇奇怪怪的猪

文 / 何　鑫

　　科幻电影《流浪地球》中，地球引擎控制中心转向发动机的所在地叫"苏拉威西"。在现实世界中，它是印度尼西亚的一个大型岛屿，也是世界第十一大岛。这个岛上，有着不少奇特的生物，包括一些奇怪的猪。

　　猪有什么奇怪的？其实，除了为人们熟知的家猪，动物分类学上的猪科动物一大家子，其中有不少种类，来头可不小呢！

　　全世界现存一共有 17 种猪科动物，可以简单划分成三个亚科：猪亚科（Suinae）、疣猪亚科（Phacochoerinae）和鹿豚亚科（Babyrousinae）。

　　先来看看鹿豚亚科。这个亚科中唯一的鹿豚属可谓是长相最为奇特的一类猪，它们就分布于印度尼西亚的苏拉威西岛等几个岛屿。近年来的研究把鹿豚属划分出 3 个物种，分别为：苏拉威西鹿豚（*Babyrousa celebensis*）、托吉安鹿豚（*Babyrousa togeanensis*）和鹿豚（*Babyrousa babyrussa*）。

苏拉威西鹿豚　　　　　　　　　　疣猪

现在我们来看看这些猪的怪模样。鹿豚属的共同特点是雄性的四颗犬齿全部向上弯曲生长，尤其是两枚上犬齿会在生长过程中穿过上唇和鼻腔，刺穿皮肤向后形成钩状，猛一看就像鹿角一般，它们的中文名中的"鹿"也因此而来，不过它们终究是"猪"（豚），所以叫它们"鹿豚"也是恰如其分。

有些极端的案例中，鹿豚的獠牙甚至会弯到自己的眼窝，影响视力。鹿豚长成这副看着就疼的模样，全拜性选择所赐，毕竟这种钩状牙完全没办法攻击对手。再加上它们全身没有毛发，光秃秃的造型和狭长的身材，其形象是不是够"奇怪"？不过，雌性鹿豚就是喜欢这样的长相。幸好，苏拉威西岛上并没有什么强力捕食者，自然选择也就允许鹿豚这样的"奇葩"存在了。

接下来，我们再去生活着众多大型野生动物的非洲大陆，看看熟悉而丑陋的疣猪亚科。疣猪亚科也只有疣猪一个属，包含2个种，分别为沙漠疣猪（*Phacochoerus aethiopicus*）和非洲疣猪（*Phacochoerus africanus*），后者就是大家熟悉的电影《狮子王》中"彭彭"的造型来源。

非洲疣猪习惯上被直接称为疣猪，虽然它也具有向上弯曲的獠牙，不过只是正常从嘴角边向上翘，相比之下，公疣猪的獠牙更大一些。而疣猪的"疣"指的是它们脸上的肉质突起，公疣猪有两对，母疣猪则只有一对较小的。

然后轮到野猪所属的猪亚科"本家"出场了。除了北非有少部分野猪分布外，在非洲还有另外3种猪亚科的动物。它们分别是：大林猪（*Hylochoerus meinertzhageni*）、假面野猪（*Potamochoerus larvatus*）和红河猪（非洲野猪）（*Potamochoerus porcus*）。

大林猪因其生活在非洲中部的林地而得名，体长1.3～2.1米，体重100～275千克。大林猪是平均体形最大的猪科动物，它们长相剽悍，脸上两个大鼓包，一看就不好惹。事实上，大林猪的确性情凶猛，攻击性很强，它们甚至连斑鬣狗都敢硬杠。

　　而非洲野猪属的代表红河猪体重只有45～115千克，体长则为1～1.4米，比大林猪小不少。红河猪生活在西非和中非潮湿的森林地带，橙红色体毛、沿背部中线分布的白色簇状毛发、一脸黑白相间的"护心毛"，再加上耳簇的长毛，看起来特有喜感！

红河猪

姬猪及幼崽

让我们将视线转向亚洲，在这里，除了广布的欧亚野猪，还有一种世界上最小的猪科动物——姬猪属的姬猪（又名小野猪，*Porcula salvania*）。它们的成年体长只有 55 ~ 71 厘米，就像 2 岁小孩那么大，人工培育的小香猪都要比它大不少。姬猪这么小的体形，可不能在野外大摇大摆地生活。姬猪只分布于印度阿萨姆邦几个国家公园的密林中，面对栖息地的日益减少，它们的种群数量估计只剩下不到 150 只，可谓岌岌可危。

猪科中和野猪亲缘关系最近的猪属动物还有 7 种，大多分布于东南亚的不同岛屿上。比如有 2 种须猪：须野猪（*Sus barbatus*）和巴拉望须猪（*Sus ahoenobarbus*），从鼻梁到头部两侧的下巴上都长着尤为浓密的长毛，就像大胡子一般，这就是它们名字的来历。

须野猪

　　因为长着这么浓的"胡须"，又生活在海滨的沼泽生境中，所以它们看起来总是一副满脸泥巴脏兮兮的样子，但这些猪好像也不在乎这种相貌。原来，这种大胡子正是对泥滩生活的适应，浓密的"胡须"正好可以防止泥浆溅到眼睛中，倒也算是适得其所，而且雌性同类对大胡子也是青睐有加呢！

　　另外5种猪属的动物在英文中都被称为 Warty Pig，直译就成了"疣猪"，原因是它们的面部多多少少都有些突起。其中有3种分布在菲律宾的不同岛屿上：菲律宾野猪（*Sus philippensis*）、卷毛野猪（*Sus cebifrons*）和民都洛野猪（*Sus oliveri*）。还有2种，一种是分布在印尼爪哇岛的多疣野猪，又叫爪哇野猪（*Sus verrucosus*）；另外一种，它和苏拉威西鹿豚共同生活在同一个岛上，这就是苏拉威西岛野猪（*Sus celebensis*），也被称为印尼野猪。

卷毛野猪

　　这几种野猪都是分布区域狭窄的岛屿化物种，它们所面临的共同问题都是栖息地丧失，以及与人类所带来的家猪杂交产生的种群威胁。它们曾经还有一个分布在中南半岛上的近亲——大嘴野猪（*Sus bucculentus*），已经于1995年灭绝。

　　所以，并非所有的猪科家族都是兴旺发达的。它们中的大批物种也和世界上许许多多的野生动物一样，面临着来自自然界和人类的威胁。不知道那些生存状况堪忧的奇奇怪怪的猪，它们未来是否能逢凶化吉。

家猪

　　家猪当然也是猪科猪属的一个成员，但它本质上是欧亚野猪被驯化后生成的一个亚种。考古证明，在距今9000年前至8000年前，中国已经有家猪存在，而两河流域的野猪驯化很可能更早。

欧亚野猪

猪八戒是黑猪还是白猪

文 / 何　鑫

皮影"猪八戒"

如果有人猛然问你,《西游记》里的猪八戒到底是黑猪还是白猪,你大概会挠着头想上半天。《西游记》原著第十八回介绍"猪刚鬣"出场时,是这样写的:"黑脸短毛,长喙大耳,穿一领青不青、蓝不蓝的梭布直裰,系一条花布手巾。"所以,早年的各类艺术作品里猪八戒的形象是以黑居多。不过,在近些年的影视作品中,猪八戒的脸仿佛抹了粉底霜,变成了清一色的白。那么,猪八戒到底是黑猪还是白猪呢?

明代缂丝《西游记》卷中"猪八戒"

　　我们先来定义一下，不管是白猪还是黑猪，首先它是一只家猪。如今大家之所以比较认可猪八戒是家猪中的"老白"，也许和我们对市场上生猪品种的认知有关：从养殖、屠宰到菜场、超市，人们最终看到的猪，几乎都是白色的。不过事实上，如果你了解家猪是从野猪驯化而来的，就会发现，虽然猪的皮色说不上五彩斑斓，但也是各有不同的。

　　时光倒退 15 000 年，那时候，在两河流域，人们开始驯化野猪，这个时间点仅次于人类将狼驯化为狗。而中国的考古发现证明，在距今 9000 年前至 8000 年前，中国古代劳动人民曾独立驯化过野猪。所以你可以很容易就理解，在交通相当不发达的古代，地球上不同区域的人们在野猪的驯化道路上显然是各自为战的。也因此，古往今来，世界各地的人们培育出了各式各样不同品种的家猪。如果每个地方都有一个猪八戒的形象，那一定是花样百出、群猪争"艳"。

约克夏猪

　　比如在中国,就有头和臀部两头黑色的"两头乌",这是产自浙江金华用作火腿原料的一个著名的家猪品种。其他还有满脸褶皱、每胎能产十三仔的太湖猪,全身黑毛的东北民猪,额头上有八字皱纹的西北八眉猪等。细究这些猪的形象,我们不难发现,大部分本地猪种都是黑色或黑白夹花的,这也是早期猪八戒大多为黑脸的原因。到了近代,在这些中国猪品种的培育过程中,多多少少开始掺杂异国血统猪的基因,于是白猪的出现概率大幅增加了。

　　18世纪末,英国商人将广东猪种运回英国,与当地的约克郡土猪杂交,培养出产仔量很高的白猪。普通家猪一窝只能产4～10只猪崽,而这种白猪一窝的产量高达10～20只,简直就是"蛋白质发动机"。这就是约克夏猪(Yorkshire),也被称为英国大白(Large White)。1986年,约克夏白猪正式得到英国种猪育种联合会的认可,随即凭借惊人的产仔量风靡世界。目前世界上所有的杂交猪几乎都有约克夏大白猪的基因。

现在我们再来深入探讨一下家猪这个物种。家猪的学名是 *Sus scrofa domestica*，这是一个亚种的名称，家猪真正的物种名称就是前面两个词"*Sus scrofa*"，它就是野猪的学名。换句话说，家猪是野猪名下的一个分支，因为它就是野猪驯化而来，而这种野猪正是广泛分布于欧亚大陆（在北非的少数地区也有分布）的欧亚野猪。

虽然人们常常形容家猪是肥头大耳，但真要把家猪和野猪放在一起比较，你会发现，家猪还真是个小脸庞呢！而且野猪的外形肩膀高臀部低，看起来就很有冲劲！

由于野猪分布实在广泛，因此不同地区的野猪毛色和体形差别还是很大的。平均而言，它们的体长在 1.5~2 米之间，生活在欧洲大部分地区的野猪，雄性平均体重为 75~100 千克，雌性为 60~80 千克，肩高为 75~80 厘米。

野猪

比较起来，生活在更寒冷地区的野猪体形要大不少，这也符合生态学中的哈代温伯格定律。比如生活在中国东北和俄罗斯远东地区的野猪，有些极端个体的体重甚至可以达到300～350千克，这样的体形已经堪比棕熊了。相信拥有如此高大健壮身材的野猪即使面对东北虎、狼、棕熊这样的猛兽时，也会底气十足。难怪东北有句俗话：一猪二熊三老虎。

对于野猪而言，超大体形毕竟是少数，它们的主要防卫武器是獠牙。雄性野猪具有两对不断生长的犬齿，这便是它们的獠牙，平均长度能达到6厘米，有一半会露出嘴外；雌性野猪的犬齿较短，不露出嘴外，但也具有一定的杀伤力。这样的犬齿既可以作为挖掘工具，也可以作为重要的搏斗武器。当然，大多数情况下，它们的獠牙是用来刨地下的食物的。

野猪幼崽

　　野猪每胎能够生下5～6只幼崽，和那些每胎生1～2只幼崽的鹿、羊等野生动物相比，可谓是"超生游击队"。正因为如此，野猪成为了很多捕食者的捕猎对象，尤其是那些年幼的小野猪。小野猪看起来总是萌萌的，它们的身上常常具有褐色和棕色相间的条纹，这有利于它们隐蔽自己。尽管如此，小野猪仍不可避免地成为许多野兽甚至猛禽的猎捕对象。

　　即使到了成年阶段，对于大多数正常体形的野猪而言，面对捕食者还是会采取"走为上策"的躲避方式。无论是俄罗斯远东的虎，还是东欧的狼，或者是印度的豹，都会大量捕猎野猪作为自己的食物。随着世界上许多地区自然环境的破坏，许多地方的野猪也随之大量减员甚至消失。

但在另一些区域，随着虎豹这样的大型捕食者因为人类的原因而消失，反而让野猪得到了喘息的机会。由于野猪的繁殖力很强，在没有天敌的情况下，它们的种群数量回升相当迅猛，不断增加的野猪不可避免地对环境造成了危害。近年来，野猪出没，毁坏庄稼甚至伤人的新闻在我国中东部地区也屡见不鲜。

还有一些人出于商业目的，用买来的野猪和家猪配种并散养，得到一些"野不野、家不家"的"野化家猪"，售卖时美其名曰"野猪肉"。有时候，这些野化个体被放逐到环境中，也日益造成更多的环境破坏乃至伤人问题。在一些原本没有猪分布的岛屿上，家猪野化后对当地原生物种种群已经造成了严重的破坏。世界自然保护联盟物种存续委员会的入侵物种专家小组也早就将家猪列为世界百大外来入侵物种。

作为猪科动物的代表，欧亚野猪对世界养猪业做出了巨大的贡献。作为它们的驯化品种，家猪不但为人类提供了大量蛋白质，还屡次成为娱乐明星，丰富了我们的生活。对于我们来说，不管是白猪还是黑猪，只要它生动有趣，就是一个好的"猪八戒"。

不一样的字，一样的猪

豕、豚、貖、豨，这几个字，都是"猪"字的新老"队友"。

最初表示猪的汉字是象形字"豕"（读音为shǐ）。这个字在小篆中定型下来，确实与猪有些形似。后来，人们给豕字的右侧添加了者，成为"豬"字。后来的简化字将左边的"豕"旁改为"犭"，才有了今天的"猪"字。

"豚"原指幼猪。《尔雅·释兽》中便有这样的记录："彘，猪也。其子曰豚。一岁曰貗。"所以彘、猪、豚、貗都是指猪。当这些汉字传到日本之后，有些仍然保留了原意。如今，"豚"字在日语里仍然专门指代家猪，所谓的豚骨拉面就是猪骨拉面，而真正的"猪"字在日语中指代野猪。

"貖"也和猪有关，它在中国古代主要指的是狗獾，有时也指小猪，所以在 20 世纪初，中国的动物研究者将美洲的一类长得和野猪有几分相像的动物称作"西貒"。

小猪叫"貖"，大猪在古代就被称为"豨"。在地质历史上，还确实出现过一种曾被称为"巨猪科"的动物，现在古生物学家把它叫作"豨科"（Entelodontidae），它们生存于距今 3700 万年前至 1600 万年前。不过，如今学界已经把豨科动物从曾经的猪形亚目移入与河马和鲸类亲缘关系更近的河马形亚目（Whippomorpha）了。也就是说，它们不再是"猪"了。

甲骨文　　金文　　小篆

准备好，带你认识宠物猪

文 / 宋婉莉

越南大肚猪

宠物猪已成为宠物市场异军突起的新宠，不过，如果你也想养一只萌萌的宠物小猪，有必要先对宠物猪做个知识"扫盲"。

宠物猪是在 20 世纪下半叶开始从美国流行起来的，与我们的常识认知不同的是，那时的宠物猪绝非娇小玲珑，而是粗壮结实。很多人选中的是越南大肚猪。这种猪全身长着黑色的皮毛，耳朵是直立着的，就像两个雷达。虽然相比一般的家猪，大肚猪算得上是小个子，完全长大后，身高也不超过 60 厘米，体重不超过 80 千克。但这个块头，要是发起脾气来，也叫主人够呛的。

20 世纪末，育种者将越南大肚猪与其他个头较小的猪（如哥廷根迷你猪）杂交，得到的"迷你猪"很快取代了越南大肚猪，成为欧美市场上主流的宠物猪。

在中国，宠物猪大多是小香猪，普遍是来自广西巴马瑶族自治县的巴马香猪。

如果你有了一只可爱的宠物猪，该怎样安排它每天的生活呢？

第一步，上厕所。起床后的第一件事当然是上厕所。通常，让家中的宠物养成良好的卫生习惯是一件费心费力的事，但饲养宠物猪却没这方面的烦恼，因为不管是宠物猪还是其他猪，它们的嗅觉都十分灵敏，记忆力也极佳。它们在出生后几小时就能辨别气味，有些小猪甚至能够依靠嗅觉寻找到地下埋藏的食物、识别群内的个体，还能依靠嗅觉探究环境。所以，只要主人将沾有它小便的纸放在一个固定的地方，并让它过去闻一闻，它就会明白"厕所"的位置，并且以后也会在固定位置排泄。

第二步，穿衣服。宠物猪不是有很多脂肪吗？还穿什么衣服！一般而言，体形较大的猪身上都会有一层非常厚的皮下脂肪，而像宠物猪这类小猪，皮下脂肪是非常少的，因此身体的热量很容易通过皮肤散失掉，所以，给宠物猪穿上衣服才能帮助它保暖。

小香猪

　　第三步，吃饭。小香猪完美继承了猪的杂食特点，它们的主食一般为米饭、面条、蔬菜等，有时候为了补充营养，也可以适当喂一些水果和牛奶。当然它们更喜欢甜食，比如甘薯。但在吃这件事上，它可真称得上是一头猪，基本上主人喂多少就能吃多少。所以，在一日三餐或一日四餐的规矩之下，还得严格控制它的摄食量，这也是为了它的健康考虑。另外，不要给小香猪喂猪粮，因为吃了容易长胖，长胖之后的小香猪，横看竖看都不会"香"了。

　　第四步，玩耍。你可能想象不到，猪其实是一种极其聪明的动物，有人把猪的智商排在动物界的第10位。因此，当主人和宠物猪一起玩耍的时候，能明显产生互动。

　　小香猪在1岁时体重在5～10千克，大约是一条中型犬的重量；但在成年之后体重会增长到35～45千克，那就相当于一条大型犬了。之所以称它为"小"香猪，只是跟几

百千克的大肉猪相比。而且，宠物猪有着软萌的外表，在饲养上和养狗基本没有区别。

如果你真的下定决心要养一只宠物猪，请一定要做好事前的准备，并对它的一生负责。

高智商的猪

关于动物界谁最聪明，不同的专家会推出不同的排行榜。不过，在大多数排行榜中，猪总是处于"前十"。

有科学证据表明，猪的认知能力与其他高智商动物的能力一样，完全可以媲美狗、黑猩猩、大象、海豚等动物。宠物猪有了主人的陪伴和训练，智商更显卓越。科学家在分析了大量关于猪与其他动物的研究文献后发现：猪拥有出色的长时间记忆能力；猪擅长闯迷宫和记住物品的位置；猪有能力理解简单的符号语言；猪可以密切关注其他猪，并相互学习和相互合作。

在猪的聪明才智被人发现以后，人们赋予了猪更多的功能性工作，比如像狗一样担任警卫工作，或者，担任工兵用鼻子嗅出埋在土里的地雷。

是替身，更是大牌

文 / 黄灵丽

刺猬

　　在演艺圈中，替身是一个尽人皆知的职业。其实在动物圈内，也有很多是有替身的。你乍一看是大明星 A，其实却是无名之辈 B，比如银环蛇和白环蛇，又比如蝮蛇和伪蝮蛇。现在上场的是明星刺猬，它也有一位模仿者，那就是来自澳大利亚等少数国家的针鼹科（Tachyglossidae）动物。

针鼹是最原始的哺乳动物之一，虽然在外貌上和刺猬比较相似，都属于"刺客"，但两者的刺还是有所不同。刺猬的刺是毛发的异化，骨质，呈锥形，牢牢地长在身上，即使死后也难以让它脱离身体；针鼹的刺也是由毛发进化而来的，但并不牢牢地长在身上。当敌人来袭时，聪明的针鼹首先想到的是拔腿就跑，以惊人的速度掘土为穴，把自己埋藏起来。如果躲闪不及，针鼹就会像刺猬那样迅速将身体蜷缩成球形，成为一只"刺毛球"，让敌人难以下手。如若敌人穷凶极恶，非要把眼前的针鼹吃掉，那么，就得先吃一嘴棘刺，只要对方扛得住。反正，逃过这一劫，过不了多久，针鼹身上还会长出新的刺。

针鼹

　　针鼹的进食方式也很有特点。刚成形的针鼹宝宝有一颗小尖牙，但在出生后不久便会脱落。虽然没有尖牙利齿，但针鼹拥有极其灵活的舌头。这条舌头长达30厘米，其上布满黏液，且伸缩自如（每分钟可伸缩100次）。当针鼹的锐利钩爪挖开坚固的蚁穴，长舌就带着黏液，随着管状的细嘴探入其中，对着四散奔逃的蚂蚁和白蚁恣意取食，所向披靡。相比"巧舌"界的大佬变色龙，针鼹的这条舌头也不甘落后，尤其在出击频率上更是领先。由于蚂蚁和白蚁在自然界分布广泛，且蛋白质含量丰富，所以针鼹相比变色龙，更是食物无忧。尤其在早春时节，刚刚从冬眠中醒来的针鼹差不多耗尽了体内的脂肪，急需补充营养，这时候，量大且兼具蛋白质和高脂肪的蚂蚁就会率先成为它们的食物。

作为一个吃货，针鼹每天要花18小时专注于吃，为此要巡游18千米的战线，吃掉上万只蚂蚁，简直就是为"吃"而生的！不过，这个吃货有时候也会挑三拣四。相比蚂蚁，针鼹更偏爱白蚁；相比成虫，它更喜欢虫卵，因为白蚁和虫卵不能被消化的外骨骼成分少，吃起来更易消化吸收，还有利于补充水分。

　　针鼹是哺乳动物中最原始、最低等的类群之一。它们没有肛门、尿道、产道之分，只有一个三孔合一的泄殖腔，被称为"单孔类"动物。也就是说，无论是大小便还是生宝宝，针鼹是用同一个器官进行的。

作为原始哺乳动物，针鼹是产蛋的。受孕的雌针鼹把硬币大小的软蛋产在育儿袋里，蛋在育儿袋里孵化发育。7 ~ 10天后，针鼹宝宝破壳而出。就像袋鼠一样，妈妈会分泌乳汁来哺育孩子，直到宝宝6个月后离开妈妈的温暖怀抱，开始自己独闯天涯的生活。

作为刺猬的"替身"，针鼹并不为大众熟知，常被误以为是某种"小刺猬"。其实，针鼹绝对是哺乳动物界的宝贝。由于它们的分布范围极其狭窄，栖息地也不断丧失，因而所有4个种类早就被列入世界自然保护联盟濒危物种红色名录。这个"替身"，比"正牌"可要珍贵多了。

针鼹的亲戚——鸭嘴兽

在哺乳动物中有两种单孔类的动物，除了针鼹，还有鸭嘴兽（*Ornithorhynchus anatinus*）。因为它们身上有毛和乳腺，所以归入哺乳动物；但它们却像爬行动物一样，通过生蛋来繁殖后代。因此，它们属于极为原始的哺乳动物。

鸭嘴兽

大象北上，牵动万人心

文 / 何 鑫 何 娅

云南北移亚洲象安全防范工作省级指挥部公布的象
群在玉溪附近的照片（摄于 2021 年 7 月 6 日）

2020 年 3 月，一群栖息在云南西双版纳国家级自然保护区的野生亚洲象，离开"老家"开始北上。起初，象群移动较为缓慢，并没有引起太多人的注意。当年 9 月，象群进入普洱市宁洱哈尼族彝族自治县；11 月，第一头小象出生。12 月，象群进入普洱市墨江县；2021 年 3 月，第二头小象出生。

2021 年 4 月 16 日，象群离开普洱，从墨江县联珠镇向北移动到玉溪市元江县。这一次，象群有了不同的"想法"，一头成年老象没有北上；到了 4 月 24 日，又有两头象从元江县返回普洱市墨江县，其余 15 头大象继续北上。也是在这时候，各路媒体和千万人开始关注象群的这次超远距离"旅行"。

北上的 15 头大象相继途经玉溪、红河、昆明，这时，它们距离老家已有 500 千米之遥。所幸，在柔性干预技术手段的引导下，象群 6 月 3 日掉头向南，离开昆明市，沿着宝夕公路进入夕阳乡。其中一头大象中途因为离群，被保护机构麻醉后单独送回了老家，另外 14 头大象在 8 月 8 日回到了它们的传统栖息地。至此，时间长达一年多，行程长达 1600 多千米的亚洲象"离家出走"暂时画上句号。

那么，大象为什么要离开栖息地？它们到底是一群怎样的动物？

作为地球上现存体形最大的陆地动物，大象的形象我们早已耳熟能详。高大健硕的身躯、强壮如柱的四肢、长而灵巧的鼻子、巨大弯曲的长牙，组成了我们对于大象的基本印象。

雌性大象一般在 10 岁到 12 岁就能生孩子。大象的孕期特别长，需要 2 年左右。由于宝宝在妈妈肚子里的发育非常成熟，因此出生后不久就能站立、行走。象宝宝的体重在 100 千克左右，与几吨重的成年象比起来，还是个小不点。尽管象宝宝在出生 6 个月后就能独立进食，但从安全考虑，象妈妈还是会照顾孩子好几年时间。

大象能长那么大的个儿，竟然是依靠吃素！事实上，大部分的绿色植物都符合大象的胃口。虽然大象的消化能力差了点，吃进去的食物只有 40% 能在肠道中消化，但它确实太能吃了，每天有 16 个小时都在吃！就这么吃啊吃，象宝宝把小不点的自己变成了肩高 3 米多、体重 3 吨以上的庞然大物。

　　这么厚重的身体要站着，要移动，当然就要有强壮如柱的四肢。为了支撑体重，大象的四肢比其他动物更垂直于身体。四肢骨骼里的骨髓也被骨松质取代，既增强了骨质，同时也不影响造血。当然，大象厚实而坚韧的皮肤（背部和部分头部皮肤有 2.5 厘米厚）以及超级大的心脏（12 ～ 21 千克），也是它们对抗外界侵扰和维持自身活动的保障。

　　除了高大威猛，大象外表的最明显特征是长鼻和长牙。大象的长鼻子是它长期演化的结果，因为它的祖先类群——始祖象的形态和生境，与现在的南美貘、马来貘等适应水生环境的动物相似，而它们的解剖结构和发育过程则与海牛目动物很像，具备水生动物的特征。为了在水中自由呼吸，大象的鼻子慢慢变长，最终演变成一个多功能器官。

象牙是指大象上颌门齿特化而成的"獠牙"。獠牙的大部分露在外面，其余部分紧固在颅骨的牙槽里。象牙的意义有很多，对于公象来说，它是炫耀的工具，也是格斗的武器。牙越长，就越能吸引母象，对其他公象也越有威慑力。同时，象牙又是取食的工具。大象会用坚实的象牙推倒树木、协助鼻子拉扯灌木，也能用它来剥树皮。

在云南北上的是亚洲象，世界上除了1种亚洲象（*Elephas maximus Linnaeus*）以外，还有2种非洲象：非洲草原象（*Loxodonta africana*）和非洲森林象（*Loxodonta cyclotis*）。三种象在外形、身高、体重、栖息地和分布范围等方面都有显著的差异。亚洲象和非洲象的分布范围一目了然，它们在外观上的最大区别是前者小，后者大。与非洲象相比，亚洲象的体形略小，它们的体长在5.5～6.5米（含象鼻），雄性肩高约3.2米，体重约4.2吨；雌性肩高约2.5米，体重约2.7吨。通常情况下，雄性亚洲象具有长长的象牙，而雌性的象牙则最多突出嘴部几厘米。而非洲象在正常情况下，雄性雌性都有突出的象牙。除此之外，亚洲象的额头上有两个被称为"智慧包"的隆起，而非洲象只有一个。亚洲象的鼻端上部具有一个指状突起物，非洲象则是上下均有突起。同时，亚洲象的前肢有5个完整的趾头，后肢有4趾，非洲象则是前4后3。最后，亚洲象的耳朵也没有非洲象那么大。

非洲象

亚洲象

　　在很长一段时间里，人们认为非洲象只有1种，但后来的研究把非洲象拆分为草原生境中的非洲草原象和热带雨林生境中的非洲森林象。由于后者常年生活在隐秘的雨林深处，因此不为人所熟知。两者之间的主要区别在于非洲森林象体形稍小、象牙也更直一些。

　　无论是哪一种象，其实都有着共同的祖先。象家族在历史上也曾繁盛一时，出现过很多的种类，已经记载的化石象达400余种。可惜，在5000万年的历史长河中，众多大象相继消亡。时至今日，仅有亚洲象和非洲象还在生态系统中苦苦支撑，但生存状态也是岌岌可危。以我国的亚洲象为例，目前仅分布于云南南部的西双版纳、普洱和临沧几个地区，数量在300头左右，属于国家一级保护动物。

2021 年，云南的亚洲象在北上途中，受到了无数媒体和千万国民的广泛关注。很多新闻把这次象群的北上称为野象迁徙，其实，这完全不是迁徙，而只是一次迁移。

迁徙通常是指动物定期沿相对稳定的路线作远距离移动。它的特点是周而往复。我们最熟悉的迁徙，莫过于鸟类根据不同的季节，在繁殖地和越冬地之间的来回移动。另外，在东非大草原上，以角马和斑马为代表的众多食草动物逐水草而进行的大迁徙也是著名的案例。它们年复一年的规律行为，连沿途的狮子、鳄鱼和鬣狗都了然于胸。

而这次亚洲象的北上只能说是一次特殊的迁移行为，因为象群为什么要走，到底要去哪里，会不会回家，都是未知数，也无规律可循。

在长达一年多的时间里，关于象群离家出走的原因众说纷纭。一种说法认为，是那只带领象群行动的母象出了状况，也许是迷路了，也许是想去往一个新的栖息地。总之，问题出在头象这个个体身上。但更多的人把原因归结为原有栖息地的变化。在过去的数十年间，由于我国政府在野生动物保护方面倾注了大量的人力、物力和财力，云南自然保护区内的亚洲象种群已经由上世纪八九十年代的 170 多头增长到了 300 多头。与此同时，它们的栖息地却没有很大的改善。以西双版纳国家级自然保护区为例，该保护区并不是一个整体，而是由几个位于不同区域的子保护区组成。不同子保护区之间的野生动物种群要想相互交流，必须穿越众多的农田和城镇，这是一个很大的人为阻隔。

野生亚洲象群

以前，也有亚洲象的个体或小群体离开原有栖息地的消息传出，不过大多会在一段时间后返回原栖息地。但这一次的大规模象群出走，时间之长，距离之远，都属罕见。这是为什么？

对于野生动物来说，更充足和良好的食物、水源和隐蔽场所就是它们的追求。在亚洲象的栖息地中，虽然森林覆盖率在逐年提升，但隐忧也一直存在，那就是原始森林变成了经济树种，林下自然植被变成了经济作物。另外，当象群数量上升到一定程度后，个体的活动范围也会受到更大的限制。综合起来就是，当原栖息地的食物和土地不足以满足象群的需求时，它们就需要向外移动，以寻找新的栖息场所。

现在，在大量的人为干预下，出走一年多的象群总算回到了它们的传统栖息地。但如何在未来留住它们，如何解决棘手的食物和土地问题，需要人类提供明确而可行的答案。高智商的大象在未来的行动，将是对人类措施的最好检验。

在人类文明的发展历程中，一方面把原有的野生动物当作资源，大肆捕杀利用，另一方面又把残存的野生动物们"压缩"和"驱赶"到了某些特定的地区。在非洲，非洲象的栖息地早已被分隔得支离破碎；在亚洲，亚洲象的栖息地也一直被迫南移。更早一些，曾经分布甚广的剑齿象在距今1万年前灭绝，古菱齿象在距今3千多年前的殷商时期灭绝。如果人类不能清醒地认识到野生象的困境，那么剑齿象的结局，或许就是非洲象和亚洲象的未来。

云南北移亚洲象安全防范工作省级指挥部公布的象群在玉溪附近的照片（摄于2021年7月6日）

热带植物园的不速之客

在北上的象群引来众多关注目光的同时，另一群相等规模的亚洲象也离开了西双版纳国家级自然保护区的勐养子保护区。不过它们是向南移动，进入了中国科学院西双版纳热带植物园。一南一北的两起象出走事件，更加证明了象群对更好栖息地的渴望。

什么？长颈鹿也要灭绝了吗

文 / 何　娅

　　你可能经常会看到关于野生动物濒临灭绝的新闻，白鱀豚、华南虎、藏羚羊等。但如果有人告诉你，那个地球上最高的、绅士般的长颈鹿也已经岌岌可危了，你还是会有些吃惊的吧。

根据长颈鹿保护基金会和世界自然保护联盟的数据，1985 年至 2015 年的 30 年间，长颈鹿的数量从 15.5 万头下降至 97 562 头（成年个体数 68 296 头），下降比例惊人！

一说到那些濒临灭绝的种类，在一些人的概念中，似乎只有十来头或者几十头，甚至如野生的华南虎，据说都已经找不到了。无论如何，近 10 万头长颈鹿，难道也算"濒临灭绝"？

事实是，虽然在整个长颈鹿的分布区域内，有些地区的种群数量其实是稳定增加的，但在某些地区，长颈鹿的地理种群确实濒临灭绝甚至已经灭绝了。由于导致整个长颈鹿数量下降的因素始终存在，因此那些暂时无忧的种群数量并不能消除对于该物种未来可能灭绝的担心。在物种趋势表明长颈鹿的总体数量还会大幅下降的情况下，世界自然保护联盟将长颈鹿评估为"VU（易危）"也是顺理成章的。

化石记录显示，长颈鹿的祖先 *Canthumeryx* 最早出现在 2500 万年前的北非。到了 1400 万年前，整个欧亚非大陆都有长颈鹿科的动物生活。发展到距今 900 万年时，外形已经很接近现生长颈鹿的步氏麟进入了如今的中国和印度北部，并在此区域演化为长颈鹿属，于距今 700 万年左右再次进入非洲。由于气候原因，亚洲的长颈鹿在后来的演化中全部灭绝，而非洲的长颈鹿存活下来，并演化成了若干新物种。当代的长颈鹿出现在更新世（距今 100 万年）的东非地区。

　　现存的野生长颈鹿分布在 18 个非洲国家，也被人为地重新引入到了其他多个国家。长颈鹿适应各种栖息地，从沙漠到林地／稀树草原环境，常居于疏林草原或者疏林地区。一直以来，关于现生长颈鹿的分类存在很多争议，虽然研究者们一致认可它归属于偶蹄目（Cetartiodactyla）反刍亚目（Ruminantia）长颈鹿科（Giraffidae）长颈鹿属（*Giraffa*），甚至认可獾狐狓是它的近亲，但长颈鹿到底是 1 种、3 种还是 4 种、8 种，却各有各的说法。不过，更多的人倾向于 1 种之下分为 6 或 9 个亚种。

　　成年长颈鹿的身高一般为
4.3～5.7米，其中脖子就有2～2.4
米，占到了身高的二分之一左右。关
于"长颈"的进化机制，目前还没有
定论，但是从生理结构来说，这种"长"
并不源自颈椎数目的增加，而是由于
颈椎长度的延长，也就是说颈椎数量
不变，仍是7块。事实上，除了树懒
和海牛等极少数种类，绝大多数哺乳
动物的颈椎数都是7块，无论它们的
脖子是长还是短。

　　长颈鹿的长脖子，显然为它吃
到高处的嫩叶带来了方便。可是，对
它的脑部供血会不会造成影响？当
然不会！长颈鹿的心脏重量超
过11千克，心脏壁厚达7.5
厘米，每分钟心率达到了
150次。它就像一台强劲
的动力泵，在长颈鹿抬
头时将血液泵至头部，
确保它不会发生缺血性
晕厥。

那么，当长颈鹿低头喝水时，会不会发生血液直冲头部的情况？也不会。在长颈鹿低头时，靠近头部的细脉网会及时地将过多的血液拦截，防止出现瞬间血液涌入头部的情况发生。但是，长颈鹿的长脖子确实给它喝水带来了不便，它需要弯曲或叉开两条大长腿甚至跪在地上，并把长脖子尽可能地放下来，才能完成喝水动作。有鉴于此，如果摄入的树叶有充足的水分，长颈鹿可能长时间都不用喝水。

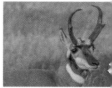

牛角　　　　　长颈鹿角　　　　　鹿角　　　　　犀牛角　　　　　叉角羚角

　　长颈鹿的角常常被拿来与牛角、鹿角、叉角羚角和犀牛角等做比较。长颈鹿角与牛角（属于洞角）相比较，牛角在骨心外套着一个角质鞘，而长颈鹿的角是骨心外着生了一层皮肤，角尖还有一簇毛，称为"皮骨角"。在打斗过程中，雄性的这簇毛和皮肤经常会被打掉，这也解释了为什么长颈鹿雌性和幼体角上有毛，而雄性角上常无毛。

　　鹿角在生长初期内部是软骨，外有一层富有血管和神经的嫩皮包裹，这就是我们常说的鹿茸。随着角的生长，软骨变成硬质骨心，表皮蜕掉，露出骨质，且鹿角会分叉脱落。

　　叉角羚角介于牛角和鹿角之间，角的骨质不会脱落，角鞘则年年脱落，而且雄性角分叉。

　　犀牛角则全是角质，类似于人的指甲，没有骨心。

　　迄今为止，一部分长颈鹿已经遭遇区域性灭绝，更多的长颈鹿面临着栖息地减少和人类活动加剧的长期影响。此外，虽然长颈鹿身上没有象牙、犀角这类珍贵之物，但特别的皮毛仍然吸引着盗猎者，有些人还无知地认为它们的大脑和脊髓可以治疗疾病，甚至单纯为了吃肉就能起杀心。长颈鹿就在这样的围攻中，进入了濒临灭绝动物名录。

大象的"美人鱼"亲戚

文 / 杨　旭

　　说起美人鱼，你的脑海中一定浮现出了上半身是女性、下半身是鱼尾的美丽姑娘。她是安徒生童话中海的女儿，是恬静温柔的人鱼公主。那么，在自然界中有没有美人鱼呢？有，不过它的长相可是与人鱼公主相去甚远。

外形呈纺锤形，体形巨大，偌大的鼻子连着上唇，隆然鼓起，两只可以闭合的鼻孔位于顶端，下唇内敛，嘴边生着稀疏的短髭。前身两侧各有手臂似的一条前肢，后肢退化，末端有一条鱼尾鳍的扁平尾巴——这段描述，来自航海家哥伦布的日记。这个意大利人先后四次扬帆远航，开辟了从欧洲横渡大西洋到达美洲的航路，同时也记录了很多沿途的趣闻。哥伦布所描述的这种动物，正是体形巨大、长相奇怪的海牛科动物美洲海牛（*Trichechus manatus*），也就是本篇的主角——美人鱼儒艮的亲戚。海牛和儒艮长得非常相似，最明显的差别就是海牛尾鳍的后缘呈近圆形，而儒艮尾鳍的后缘呈新月形。

可即便有着漂亮的尾鳍，儒艮总体上的模样看上去还是憨憨的，怎么就和"美人鱼"扯上关系了呢？

海牛

儒艮

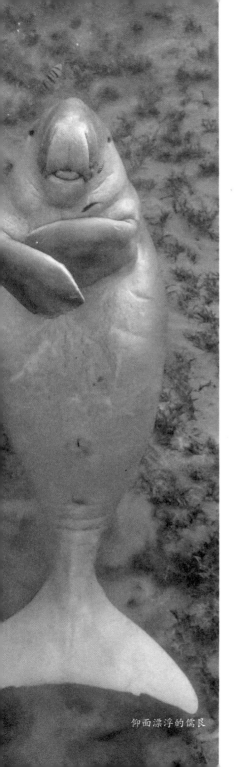

仰面漂浮的儒艮

儒艮（*Dugong dugon*）作为一种海洋哺乳动物，虽然看上去个大威猛，但实际上性格温和。它们对鱼虾统统不爱，整日以海草为食。根据古今中外很多出海日记的描述，儒艮妈妈哺乳的动作，也许就是美人鱼传说产生的起因。

原来，儒艮幼崽出生后，儒艮妈妈会把它时而举出水面，时而驮在背上，又沉入水中，慢慢地循环这几个动作，让刚出生的幼崽渐渐地适应海中的生活。雌儒艮一般一胎只生1只，哺乳期18个月左右。喂养小儒艮时，妈妈不像鱼类那样在水底进行，而是在海草丛中露出半截身子。小儒艮想要吸奶了，妈妈就会用前肢将幼崽抱到胸前，上身浮出海面，半躺着喂奶。有时钻出水面的时候，儒艮妈妈头上还顶着些许水草，远远看去，特别像一位怀抱婴儿的母亲。

"南海有鲛人，身为鱼形，出没海上，能纺会织，哭时落泪"，这是南朝时中国古人在《述异记》中对儒艮的记载。即便毫无娇小美感，儒艮也就这样赢得了"美人鱼"的美名。

　　儒艮所在的海牛目共有2科4个种类，是海洋中仅有的植食性哺乳动物。鉴于它们的特立独行，海洋中已经找不到其他亲属，哪怕我们觉得鲸或者海豹的长相跟它们接近。古生物学与比较解剖学的证据显示，和海牛目动物够得上亲缘关系的现生哺乳动物，竟然是陆地上的巨无霸——大象。

　　作为最古老的海洋动物之一，儒艮以前其实是陆地上的居民。近亿年前，由于自然环境的变迁，儒艮被迫下海谋生。但在进入海洋后，面对可以轻松获取的大鱼小虾，它们始终不受诱惑，一直保持着吃素的习性。儒艮平时最喜欢栖息在热带海藻丛生的海域，早晚出来觅食，中午就潜伏在30 ~ 40米深的浅海区域，静静地躺着。它们的胃口极好，每天要花8个多小时吃东西。开吃的时候，儒艮用又大又宽的吻部，像卷地毯一般，一大片一大片地吃过去，一天就能吃掉40 ~ 50千克的水草，所经之处被清理得一干二净。这阵势，"水中除草机"非它莫属！

儒艮吃的草可不一般，它们最喜欢的二药藻和喜盐草，淀粉含量都相当高，纤维含量却很低，特别像我们熟悉的土豆，难怪天长日久，儒艮的体形日渐丰腴了！

　　由于受自然因素和人为因素的双重影响，近年来，儒艮赖以生存的栖息地——海草床正在不断衰退，让它的日子越来越艰难。为了给儒艮提供更好的生活环境，世界各地相继设立了一批自然保护区，在我国就有广西壮族自治区合浦儒艮国家级自然保护区，那里曾经海草连片，是儒艮的理想栖息地之一。

　　如今的儒艮科动物，只有儒艮这个"独生子"，其实在两个多世纪以前，家族里还有另外一种——巨儒艮（*Hydrodamalis stelleri*）。巨儒艮和儒艮长得很像，只是身体相对较长，可达 7 ~ 9 米。

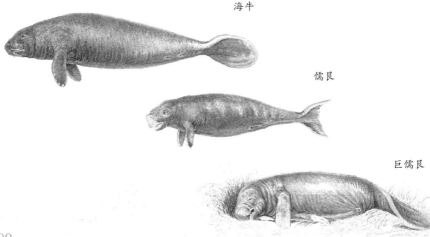

海牛

儒艮

巨儒艮

考考你，找出图中的儒艮标本（周 明 摄）

在大约 2 万年前至 1.3 万年前，巨儒艮曾广泛分布在北太平洋沿海。可是，到了 18 世纪中叶，这种性格温顺的海洋动物，一旦被海上捕猎者发现，它身上鲜美的肉质、韧性的皮肤、可提取的油脂，甚至肋骨……都让残忍的猎手们垂涎欲滴。对人类没有丝毫防备的巨儒艮，从被人们发现到走向灭绝，仅仅用了 27 年的时间。1768 年，巨儒艮这个海牛家族中的最大成员从海洋里消失了。如今，如果你想一睹巨儒艮的风采，只能在书中寻觅。上海自然博物馆"生命的记忆"长廊上，有一幅巨儒艮的科学画，或许能让你遐想一下这个曾经的海洋巨兽的雄姿。

据统计，现在全世界儒艮的数量已不足 10 万头，其中不少个体的栖息环境有着地理隔绝，同时还要面对盗猎和防鲨网的误杀。这位"美人鱼"的未来亟须人类的守护！

河狸为什么值得"公主"来守护

文 / 王晓丹

欧亚河狸回洞

　　2021年10月11日，在中国昆明举行的《生物多样性公约》缔约方大会第十五次会议上，一位来自中国新疆的姑娘作为全球青年代表上台发言，与世界分享"上百万个90后，一起做了件大事"。这位姑娘和她的伙伴们做的那件大事，就是保护河狸，她也因此被称为"河狸公主"。那么，河狸为什么值得"公主"来保护呢？

北美河狸啃树

　　河狸（*Castor fiber*），一种长着大门牙、拖着扁平大尾巴的啮齿类哺乳动物。它躯体肥大，头短钝，眼小，颈短，四肢短宽，前肢短，足小，具强爪，后肢粗壮有力。桨状尾大而扁平，具角质鳞片和稀疏的毛。因其善于在流水中筑坝栖身，被誉为"大自然最杰出的土木工程师"。河狸筑坝，需要大量的建筑材料，其中的树枝，是靠它锋利的牙齿勤勤恳恳咬下来的。一只河狸花一个小时就可以咬断一棵直径10厘米的树。

　　河狸往往昼伏夜出，它有着非常优秀的游泳和潜水技能，喜欢栖息在池塘、湖泊或沼泽地带，把自己的巢穴出入口隐藏在水底。这样，万一遭遇天敌，就可以迅速通过地道逃到安全地带。天然河道的水深往往是随季节变化的，聪明的河狸为了保障旱季的水深条件，就啃咬树木，搬运软泥和石头，建造大坝，以便拦截河水，让自己的家园维持在一个相对稳定的水位。最后，河狸再把自己的窝筑在水深大约1.2米的坝上面，并开出2～4个不同位置的洞口方便出入。

一般的河狸坝最长约 460 米，但加拿大艾伯塔省北部伍德布法罗国家公园南端有一个长约 850 米的超级河狸坝，被称为世界上最长的河狸坝。科学家一直关注着这一河狸坝，并对该坝的大小和建造速度进行了监控。据介绍，这个超级大坝是由几个河狸家族联合打造的，前后耗时四十多年，使用了数千棵树。这批河狸，简直就是野生动物界的"愚公"。

　　像人类的水利工程一样，河狸筑造的水坝能够使河流保持在较高且稳定的水位，河流两岸的大片土地也因此被称为沼泽湿地。河狸建造的大坝对环境非常有益，能够减缓水流速度，降低河水干涸或者泛滥的概率。这些湿地土壤肥沃，养育了种类繁多的生物，特别是为鸟类提供了重要栖息地，极大地促进了生物的多样性。有人说，河狸是除人类以外，少有的能够通过辛勤劳动改善自然生态环境的动物之一。

加拿大伍德布法罗国家公园的河狸坝

河狸筑坝

除了改善生态环境，河狸水坝还具有调节自然气候的功能。2013年发表的一项科学研究表明，河狸水坝对于阻止全球气候变暖做出了一定的贡献。水坝边湿地里的大量植物，由于死后被水淹没，接触不到氧气，因此不易腐烂，其中的木材可以保存600年之久，从而有效减少了大气中二氧化碳的含量。研究者调查了美国科罗拉多州洛基山国家公园里的"河狸草甸"——河狸所建水坝上游的湿地和漫滩，其土壤中碳的含量达到了12%左右。但如果河狸水坝遭到破坏，水位下降导致土壤变干，这些原本沉没在水底的植物就会被细菌快速分解，释放出二氧化碳，而留在草甸土壤中的碳含量会下降到3.3%左右，而8.7%的碳含量差值就被释放到了空气中。由此可见河狸水坝带来的蓄碳价值。

美国科罗拉多州洛基山的一处河狸坝和河狸窝

　　河狸有 2 种，分布于欧亚大陆和北美大陆，但北美的现存数量最多。据估计，在 16 世纪欧洲人到达之前，大约有 6000 万到 2 亿只河狸栖息在占北美大陆面积约 60% 的河流湿地中。但到了 16 世纪晚期，由于欧洲上流社会开始流行河狸毛毡帽子，先是欧洲的河狸被猎杀殆尽，紧接着北美的河狸也遭殃了，从东海岸到西海岸，这样的猎杀从 17 世纪一直延续到 19 世纪。直到 20 世纪，随着丝绸成为新的流行服饰，加上如火如荼的环保运动，对河狸的大规模猎杀才终于停止。但持续数百年的对河狸的围剿，极大地破坏了北美的生态系统。河狸坝失去后，上游的湿地逐渐干涸，植物随之因缺水而死亡。植物的死亡加剧了水土流失，周边的土壤不再肥沃，大量生物也失去了赖以生存的栖息地，生物多样性遭到严重破坏。

乌伦古河下游一只蒙新
河狸夜间在水中采食

2008 年，河狸被列入世界自然保护联盟濒危物种红色名录的无危（LC）级别。今天，北美河狸的数量已经恢复到 1000 万到 1500 万只。

在欧亚河狸的 7 个亚种中，中国也有一种，被叫作蒙新河狸。虽然名字都是河狸，但蒙新河狸因为过于稀少，成为了河狸中的"宝贝疙瘩"。蒙新河狸仅分布于新疆东北部的青河、布尔根河和乌伦古河等水体附近，数量在 600 只左右，比大熊猫还要稀少，是国家一级重点保护野生动物。

新疆阿勒泰地区的民警正在救助一只受伤的幼年蒙新河狸

　　为了保护这些珍稀的中国河狸，2013年底，新疆布尔根河狸国家级自然保护区宣告成立，2016年，前文提到的"河狸公主"和一批志愿者参与创办了阿勒泰地区自然保护协会，随后启动"河狸食堂"等保护河狸的3个公益项目。通过4年的不懈努力，蒙新河狸的种群数量增长了20%，中国河狸的生存环境得到了有效的改善。

　　自然界中，像河狸这样对自然生态系统贡献巨大，却因人为猎杀或生存环境遭到破坏而濒临灭绝的生物数不胜数。由于物种灭绝速度不断加快，造成生物多样性的不断丧失和生态系统的加速退化，已经对人类的生存和发展构成了重大风险。为了人类自身的未来，为了地球的多姿多彩，每个人都需要像"河狸公主"一样，立刻行动起来。

讨人嫌的旱獭和可爱的土拨鼠

文 / 葛致远

2020 年北京中国野生动物保护摄影展展示的鲍永清作品《生死对决》

2019 年，自然摄影界的"奥斯卡"——国际野生生物摄影年赛揭晓，中国摄影师凭借照片《生死对决》获得年度大奖。

照片的背景是青藏高原，主角是旱獭和藏狐。据摄影者介绍，画面中的旱獭早在 1 小时前就已发现藏狐的存在，并向其他同伴发声示警。但藏狐一直躺着不动，让它最终放下戒心走出洞外。就在此时，藏狐突然翻身而起，冲了过去，惊慌失措的旱獭瞬间跳起，于是，这极具画面感的一幕就此被定格，成为永恒的瞬间。

喜马拉雅旱獭

　　照片中的旱獭为喜马拉雅旱獭，是旱獭属在全世界的 15
个种之一。我国共有 4 种旱獭，分别是在内蒙古草原上的濒
危物种蒙古旱獭（*Marmota sibirica*），在阿尔泰山地出没的
灰旱獭（*Marmota baibacina*），活跃于帕米尔地区的长尾旱獭
（*Marmota caudata*），以及生活在青藏高原及周边山地草甸区
的喜马拉雅旱獭（*Marmota himalayana*）。这其中，喜马拉雅
旱獭由于分布广、数量多，而且分布区域和热门旅游景点重合
度高，所以出镜率远远高于其他三种旱獭。

　　与其他三种相比，喜马拉雅旱獭在外观上有着更高的辨识
度。体形更大，身材肥圆，沙黄为主的毛色点缀着黑色的毛尖，
在臀背面形成了不规则的黑色细纹，显眼的黑鼻，以及自鼻端
至两耳前方之间形成的三角形状的黑色毛区（俗称"黑三角"），
构成了它的外观特征。

喜马拉雅旱獭是典型的机会主义者，主要采食高原草甸上的禾本科和菊科植物，喜食植物鲜嫩多汁的茎叶和嫩枝，在食物匮乏时会挖取草根充饥，偶尔也会捕食昆虫等小型动物。喜马拉雅旱獭属于群居动物，栖息于结构复杂的洞穴中，那里既是春天的繁殖场所，又是夏天的避暑胜地，还是冬天的冬眠家园。有意思的是，喜马拉雅旱獭的洞穴通常包含多个洞口，据说它们和兔子一样，很少采食洞口附近的植物，果真如此，那以后也可以说"旱獭不吃窝边草"了。

你听说过"土拨鼠"这个名字吗？实际上，旱獭都是土拨鼠，但土拨鼠这个称呼，除了旱獭之外，还包括草原犬鼠属的动物。这两大类土拨鼠虽然都属于地松鼠族（Marmotini）成员，在习性和食性上也有很多相似之处，但体形上旱獭们普遍更大，整体外观更显粗犷；而草原犬鼠看上去更秀气可爱一些，因此，它们成为了一些人的宠物。

高度社会化的草原犬鼠

草原犬鼠原产于北美洲，在我国属于外来物种。我们在宠物店或者室内动物园中见到的"土拨鼠"，主要是草原犬鼠而非旱獭。

虽然草原犬鼠在宠物店里占有一席之地，但在短视频领域却是旱獭的天下。一种被称为"咆哮土拨鼠"的旱獭，经过短视频传播，让人们见识到了这种肥圆而有趣的动物不但能飙出"海豚音"，还能发出"低音炮"，音域十分宽广。加之人们为它制作的一大堆表情包，让这个产自北美洲的旱獭——蒙塔古岛褐旱獭（又称灰白旱獭），成了炙手可热的明星。

灰白旱獭互斗

　　和喜马拉雅旱獭面部的黑色三角区不同，灰白旱獭的面部有一块明显的白色区域，肩部和背上部皮毛的颜色也是银灰色，很容易辨识。

　　当灰白旱獭发现危险，或者感受到威胁时，就会直立起来发出尖叫，一来可以警告对方不要轻举妄动，二来可以及时通知周遭的伙伴注意防范。不过，短视频里的一些灰白旱獭的声音实际上是经过处理的，真实的灰白旱獭的叫声，更接近女士受到惊吓时的尖叫。

　　介绍了那么多旱獭和土拨鼠，相信你也可能对它们产生好感了。如果你在旅途中与它们邂逅，是不是还想和它们合个影，甚至亲切地抚摸一下？且慢，虽然旱獭看上去又萌又可爱，实则有着危险的一面，尤其是喜马拉雅旱獭，它是我国发现的鼠疫杆菌的主要自然宿主之一。

位于青藏高原山地的高寒草甸草原地区，被认定为喜马拉雅旱獭鼠疫自然疫源地，包括了青海、甘肃、新疆等 75 个县、市、镇，疫源面积超过 50 万平方千米（2003 年数据），是我国已经认定的鼠疫疫源地中面积最大的一个，自 1991 年以来发生鼠疫超过百例，其中包括数十起死亡病例。因此，在野外，我们需要尽量与野生动物保持一定的距离，既是为了尊重它们的生活，也是为了保护我们自身的安全。

最后，如果你还没亲眼见过喜马拉雅旱獭，那就来上海自然博物馆的"极地探索"展区，看一看这位新晋表情帝的真实模样吧。

美洲旱獭

旱獭预言家

在北美，大致在 2 月 2 日这天，人们会聚集在美洲旱獭（*Marmota monax*）的洞穴旁，等候它对春天的预言。传说中，如果它走出洞穴后能看到自己的影子，就会重新回到洞穴中冬眠，预示着冬天还将持续 6 周以上；而如果它出来以后并没有看到自己的影子，那就不再回头，也预示着春天很快就会到来。这种预言气候的地方习俗延续至今，但统计数据显示，旱獭的这一预测其实并不靠谱。

昔日冰上王者，今天"气候难民"

文 / 肖南燕

2011 年，北极熊国际协会（Polar Bears International，简称 PBI）决定将每年的 2 月 27 日设为"国际北极熊日"。这一国际主题日的设立，旨在提醒全社会共同关注北极熊的生存环境和北极的生态问题。那么，北极熊的生存环境和北极的生态究竟怎么样了呢？

和中国的"国宝"大熊猫一样，北极熊也属于熊科动物。大熊猫的幼崽娇小可爱，北极熊的幼崽憨态可掬。成年大熊猫仍然是一副天然萌的外表，而成年北极熊则是威武雄壮的代名词——它的体重可达 700 千克左右，站起来约 3 米高，当它晃晃悠悠环顾四周的时候，眼神里仿佛在喊："还有谁！"

北极熊在透气口等待海豹

　　是的。北极熊就是北极地区食物链顶端的食肉动物，维持着整个生态系统的平衡。为此，它还练就了好几手绝招，成为当之无愧的"武林高手"。绝招之一是嗅觉。哪怕海豹躲在几十厘米厚的冰面之下，它也能嗅出它们的准确位置。绝招之二是耐心。在确定了海豹的冰下位置后，北极熊会守候在冰洞口数小时，等待海豹出来透气的那个瞬间。绝招之三是"铁掌"。一旦海豹从冰窟窿里露头，北极熊就会猛挥熊掌，趁对方惊慌失措之际，一举拿下。

　　在北极地区，北极熊没有竞争对手和天敌，是名副其实的"冰上王者"。这位王者除了捕猎主要的食物海豹，也会顺便捕捉海鸟、鱼类和小型哺乳动物等作为"零食"。饥饿难忍的时候，北极熊也会忘乎所以，挑战海象。不过，这种挑战的代价有时候是巨大的，因为海象那两根宛如刀剑的大长牙，可以给予北极熊致命一击。

　　目前，大部分北极熊都生活在加拿大和格陵兰岛附近，俄罗斯、挪威地区也有少量分布。

　　2015 年 8 月，世界自然保护联盟统计了当时全球的北极熊数量，大约是 26 000 头；2018 年更新的数据是 23 000 头；到了 2019 年，北极熊的数量大约为 2 万头。可见，虽然北极熊的整体数量还比较大，但下降的趋势是非常明显的。英国《自然气候变化》（*Nature Climate Change*）杂志在 2020 年 7 月发表的一篇报告甚至预测，在 2100 年之前，北极熊就有可能彻底灭绝。是的，你没有看错，到本世纪末，这位冰上王者就很有可能像之前的猛犸象一样消失，只留在地球人的回忆中。

　　让科学家做出这一悲观预测的主要原因有两条：其一是全球变暖导致北极地区的冰川逐年减少，其二是北极熊的生存遭到了人类的粗暴干预。

上海自然博物馆的北极熊标本（周 明 摄）

北极低温形成的冰面是北极熊长久以来生活和捕食的主战场。但近几十年来，全球气候变暖导致北极的冰面面积逐年减少，之前伏击海豹的捕食场已经成为了海豹的游泳池，而在水下的较量，北极熊的身手完全不能与海豹这类动物相提并论。

　　与此同时，随着人类捕捞技术的不断发展，北冰洋地区的海洋捕捞作业进入了一个崭新的阶段。捕鱼船的收获越来越多，留给北极熊的食物却越来越少。所以，不管是冰面之上还是冰面之下，北极熊都遇到了前所未有的挑战，日子越过越艰难。

　　在食物短缺和人为干扰的情况下，北极熊已经变身"部分素食者"。它开始食用植物果实，甚至在面临环境恶劣、捕食更加困难的时候，不惜吃尸体、捡残骸，沦落到腐食者的行列。同时，在人类不断接近北极熊栖息地的局面下，北极熊为了填饱肚子，也会有意无意地闯入人类居住的村子，捕食牲畜，破坏生产生活设施，并且威胁当地居民的人身安全。

因饥饿而死去的北极熊的尸体

其实早在 1973 年的时候，北极圈内的大部分国家就签署了保护北极熊的国际公约《北极熊保护协定》，公约除了限制捕杀和贸易以外，还进一步提出了保护其栖息地以及合作研究的条款。世界自然保护联盟濒危物种红色名录已将北极熊列为易危（VU）级别。

尽管保护协定和措施一个接着一个出现，但在过去的几十年里，北极的生态和北极熊的生存环境却是越来越糟糕。对于远离北极圈的地球上的大多数人来说，我们在呼吁北极圈国家落实行动的同时，也可以通过自己的一些小举动，为地球的生态环境保护尽一份力。比如：降低化石燃料的使用，提高太阳能、风能等清洁可再生资源的利用，减少塑料产品的使用，减少塑料垃圾的产生，等等。我们每一个人的点滴行为，在减缓全球变暖的同时，也间接地为北极熊创造着一个更加舒适的生存环境。

"白 + 黑"组合

如果问你，披着"白色毛衣"的北极熊的皮肤是什么颜色，你大概会猜是白色。其实，北极熊的皮肤是黑色的，你只要看它的鼻子就明白了。另外，北极熊嘴唇以及眼睛四周的黑皮肤也是佐证。黑色的皮肤有助于吸收热量，帮助北极熊在体内集聚能量。

另外，北极熊的皮毛也只是在光线的折射下看起来呈白色而已，本质上它是透明的。这种毛发在冰天雪地里为它保暖的同时，还能和环境融为一体，便于隐蔽和捕猎。

谁闯入了校园内红外相机的镜头

文 / 陈泳滨

小灵猫（复旦大学校园红外相机摄）

　　随着城市生态环境的改善，市民在居住小区偶遇野生动物的新闻频频见诸媒体。在上海，一些绿化水平较高的小区出现了貉、黄鼬、松鼠、刺猬等野生动物。那么，校园内的情况怎么样呢？2020年4月，笔者作为复旦大学自然生态科考协会的成员，在学校和老师的支持下，成立了一支由学生组成的"校园科学家"团队，根据校园生境类型，设置了15台红外相机，建立监测网络，开展了校园野生动物摸底调查。经过为期一年半的红外相机跟踪的工作，科考队累计收集了13万余张照片及大批视频，发现了10多种野生动物，除了相对常见的刺猬、黄鼬、黑水鸡、夜鹭等外，最惊喜的是一种国家一级保护动物闯入了红外相机的镜头，它就是精灵动物小灵猫。

自 2020 年 6 月至 2022 年 2 月，架设在校园不同位置的红外相机共记录到 12 次与小灵猫有关的视频及照片，根据其体形与斑纹特征，初步辨认出校园内至少有 3 只小灵猫在活动。

小灵猫（*Viverricula indica*），别名七节狸、笔猫、乌脚狸、香猫，体重 2 ～ 4 千克，体长 46 ～ 61 厘米。体形比家猫略大，嘴部尖，额部狭窄，耳短而圆，眼小有神，四肢细短；棕灰色的皮毛上，从肩到臀通常有 3 ～ 5 条深色纵纹，尾巴上是白色与褐色相间的环状条纹。小灵猫曾经广泛分布于东南亚与南亚地区，也是活跃在我国南方的灵猫大家族的成员之一，江西、云南和两广等地的种群资源都曾经极其丰富。从行为来看，小灵猫是独居的夜行性动物，灵活而机警，主要营地栖生活，掘穴而居，但也善攀缘，会游泳，能横渡溪沟和小河。从食性来看，小灵猫主食小型脊椎动物（如小鸟、鼠类、小型两栖爬行动物），也吃昆虫、果实和植物根茎。

小灵猫行动灵巧，更出名的是它的"灵猫香"，产自其会阴部的囊状香腺。香囊闭合时外观像一对肾脏，开启时形如一个半切开的苹果。外出活动时，小灵猫常将香囊中的分泌物涂抹在树干、石壁等突出的物体上，一为标记领地，二为吸引异性。小灵猫分泌物初期为黄白色，有点腥臊味，暴露在空气中后被氧化，色泽变深，最后形成褐色，腥臊味也逐渐被一股别致的香味取代。作为一味特殊的药材原料，灵猫香具有行气、活血、安神、止痛等功效。

此外，小灵猫的肛门腺还能排出奇臭无比的分泌物，当它遭遇敌害侵扰时，这一刺激性气味能够帮助它进行自卫。

不幸的是，小灵猫由于其皮毛、肉以及香囊都具有一定的经济价值而被捕杀，加上人类活动对其栖息地的大量侵占，数量在我国大幅下降，分布范围也不断缩减。

2021年2月5日，我国政府发布了最新版的《国家重点保护野生动物名录》，小灵猫被升级为国家一级保护野生动物。这既是对这一夜行"精灵"的保护级别的提升，也从侧面告诫我们，小灵猫在野外的处境已经不太妙了。

这次发现小灵猫的区域，属于复旦大学江湾校区。10多年前，这里还是一片天然湿地，有着天然植被，也有着不起眼的小池塘。那时候，上海确实闪现过小灵猫的身影，江湾湿地也很可能是小灵猫的栖息地之一。在这片湿地被开发之后，由于一部分植被得到保留，一部分植被得到补充，使得这一夜行性动物有机会逃过劫难，苟活于此。在本次调查中，相比于传统的调查方法，通过引入红外相机建立的监测网络，使我们能进行24小时的全天候观察，并对小灵猫的活动节律、

小灵猫标本

国家重点保护野生动物名录

中文名	学名	保护级别	备注
大斑灵猫	*Viverra megaspila*	一级	
大灵猫	*Viverra zibetha*	一级	
小灵猫	*Viverricula indica*	一级	
椰子猫	*Paradoxurus hermaphroditus*		二级
熊狸	*Arctictis binturong*	一级	
小齿狸	*Arctogalidia trivirgata*	一级	
缟灵猫	*Chrotogale owstoni*	一级	

选自 2021 年 2 月公布的《国家重点保护野生动物名录》

饮食及数量进行调查，根据这些数据分析可以确认，校园内目前有 3 只小灵猫存在，其中 1 只为亚成体，其活动的高峰时间段为夜间至凌晨 3 点，并与一些动物（如猫）的出现呈现负相关关系。这些数据一方面说明复旦大学的江湾校区是一个适合小灵猫栖息的场所，另外一方面也说明了小灵猫在城市化的过程中，也在适应栖息环境的变化。

在过去几十年中，城市野生动物的衰退在中国是一个整体的趋势。上海的狗獾、北京的豹猫、杭州的果子狸都经历了一个数量迅速减少的阶段，而小灵猫在上海乃至整个中国东南部城市区域存在的数量也极少。但在全民对于生态环境越来越关注的背景下，不少已经濒临绝境的野生动物在城市里逐渐喘过气来。本次小灵猫在上海市区的发现，不仅证明了这个被记录在上海野生动物名录中的种类并未在此地彻底消失，而且在很大程度上帮助人们恢复了长久维持城市生物多样性的信心。

小灵猫（复旦大学校园红外相机摄）

校园野生动物的调查只是一个开始，研究团队今后的目标是把这个工作推向更广阔的上海市区，同时推动野生动物的保护。以小灵猫为例，后续的工作包括对小灵猫的种群数量、分布范围、食物来源等进行更深入的调查，也包括在获得充分数据支持后，科学地划定保护小区，采取一系列有效保护举措。

我们所处的地球，本就是各种野生动物的家园。很多物种，包括小灵猫，并不会主动攻击人类。当我们在小区或者公园和它们相遇，记得不要惊扰它们，这也是对野生动物最大的爱护。

灵猫不是猫

我们所熟悉的猫科动物，除了大型的豹亚科动物如狮、虎、豹以外，更多的是猫亚科动物，如金猫、虎猫、豹猫、野猫等，但灵猫不在其中。灵猫是一个和猫科并列的大家族，称为灵猫科，其中的成员有大灵猫、小灵猫，还有大名鼎鼎的花面狸（果子狸）等。

"平头哥"真的无所畏惧吗

文 / 汪星辰

你有没有听过关于"平头哥"的传说？它号称"世界上最无所畏惧的动物"，打遍江湖不服输。它就是蜜獾。

蜜獾（*Mellivora capensis*），在分类学上是食肉目鼬科蜜獾属中的唯一成员。它们平均体长在 90 ~ 100 厘米之间，雄性略长；平均体重在 5 ~ 14 千克之间，雄性明显更重。蜜獾在非洲、西亚和南亚均有分布，主要栖息在非洲的热带雨林和开阔的草原地区。蜜獾身体厚实，头部宽阔扁平。从外形看，其腹部和腿部具有黑色的毛发，而背部和头顶的毛发则是银灰色的。头顶的银灰色毛发恰如理了一个平头发型，"平头哥"这个绰号便由此而来。

在网络上，有时候你可以找到这样的视频：非洲草原上，狮子与蜜獾正在对峙。面对百兽之王，体形比兔子大不了多少的蜜獾并不怎么害怕，它一边退却，一边伺机冲狮子怒吼，双方在对峙中竟然互有攻守，让狮子很没有面子。难道说"平头哥"真的可以单挑狮子？

事实上，蜜獾作为独居动物常常独自行动，但真要单挑强大的狮子，这就实在高看它了。不仅是体形，蜜獾的咬合力、爆发力都比不上狮子，如果狮子真的有心攻击蜜獾，蜜獾绝不是对手。但是，"平头哥"会为了保全自己的性命而奋力威吓狮子。有时也会让狮子感到畏惧而退却。其实，蜜獾被大型食肉动物（狮、豹、鬣狗等）猎杀的案例比比皆是，卢克·亨特在他所著的《世界陆生食肉动物大百科》中提到，蜜獾的主要死因是饥饿以及大型猫科动物和鬣狗的捕杀。在绝对压倒性的力量面前，"平头哥"的勇气只不过是逞能罢了，它也根本不是非洲草原上打败天下无敌手的"战神"。

蜜獾对阵花豹

在众多关于蜜獾的传言中，流传最广的莫过于蜜獾拥有百毒不侵的体质，即使被毒蛇咬到了也只要睡一觉便能解毒，醒来之后还可以把捕获的毒蛇当作"辣条"吃掉。作为一种"超能力"，百毒不侵一直是武侠小说中最让人向往的本事之一。蜜獾如果天生如此，确实足以让人顶礼膜拜。那么，"平头哥"真的有这一神力吗？

我们先来看蜜獾的食性。蜜獾是杂食性动物，它什么都能吃，能捕食小型哺乳动物、鸟、爬虫、蚂蚁等，也吃野果、浆果、坚果等植物果实，实在没得吃了，尸体和腐肉也是可以接受的。当然，毒蛇也在它的菜单上。既然平头哥能够以毒蛇为食，就说明了它一定有某些对付毒蛇的特殊本领。

为了研究蜜獾的抗毒能力，美国明尼苏达大学的一位研究人员对蜜獾的血液进行了分子层面的分析，并且利用一种眼镜蛇的神经毒素来实验蜜獾的抗毒性。结果发现，"平头哥"确实不同凡响。

　　一般情况下，其他动物被这种眼镜蛇注入蛇毒之后，神经毒素会和体内的受体结合，造成呼吸麻痹，进而导致死亡。然而在蜜獾体内，DNA的变异导致该受体发生了扭曲变形，蛇毒无法与之完美结合，也就无法有效地麻痹蜜獾的呼吸。其实，这种本领并不是蜜獾的"独家专利"，科学家在獴、刺猬和野猪体内都发现了类似的机制，这是一些经常与毒蛇发生遭遇战的野生动物演化出来的身体保护机制。这些动物虽然都具有一定的抗毒能力，但大概只能对自身活动范围内的部分毒蛇的毒性免疫，称不上百毒不侵。

　　蛇毒主要分为血液毒素、神经毒素、肌肉毒素等几大类，作用的机理各不相同，目前为止没有发现任何一种动物可以同时免疫所有种类的蛇毒毒素，包括"平头哥"蜜獾。而蜜獾之所以能在与毒蛇的打斗中幸存甚至完成反杀，除了它体内的特殊抗毒能力以外，更多是因为它具有厚厚的皮毛和灵巧的动作，使得蛇在攻击它的时候往往只能用毒牙擦破一些表皮，无法有效地注入毒素。

响蜜䳭

　　虽然"平头哥"能够吃毒蛇和蝎子，但它最爱吃的还是蜂蜜以及蜜蜂的幼虫，这也是为什么它被称为"蜜獾"的原因。不过，在茫茫的非洲大草原上，想要找到一个蜂巢绝非易事，因此，蜜獾和一种叫作响蜜䳭（liè）的鸟儿形成了互利共生的合作关系。

　　响蜜䳭对于蜜源地有着超乎寻常的寻找能力，可惜的是，它自己无力打开蜂巢。于是，它就会特意引导蜜獾前往。蜜獾到达后，便用自己锋利的爪子挖开蜂巢，食用里面鲜甜可口的蜂蜜和幼虫，厚厚的皮毛则负责抵挡蜜蜂的疯狂攻击。

　　经过蜜獾一番肆无忌惮的"捣乱"，蜂巢被破坏得不成样子，蜜蜂四散而去。这时候，就轮到响蜜䴕来收拾残局了，此刻它已不用担心自己会遭受蜜蜂的攻击。响蜜䴕还具有消化蜂蜡的能力，即使"平头哥"把蜂蜜吃得一干二净，留下一个空的蜂巢给它，它也能心满意足地饱餐一顿。

　　看到这里，你可以发现，"平头哥"并不是横扫江湖的无敌侠，它只是为了生存无所畏惧、直面挑战、努力拼搏，并且在某些时候懂得通过合作实现互惠互利。这么看来，"平头哥"在某些方面还是我们的榜样呢！

采蜜人的新招数

　　采蜜人发现了响蜜䴕寻找蜂巢的本领后，也学着蜜獾，跟在这种小鸟身后去发现藏在隐蔽处的蜂巢。当然，采到蜂蜜的采蜜人也会给响蜜䴕留下"口粮"，以方便下一次的"合作"。

袋狼，是否已重出江湖

文 / 卓京鸿

袋狼插画（1896 年）

2016 年，一位澳大利亚动物爱好者声称在自家后院拍到了一段袋狼的视频；2019 年，数名研究人员在澳大利亚的不同地区发现了疑似袋狼的动物身影；2020 年，又有目击者发现了河对岸的袋狼……这些消息频繁传来，引起了动物学家的浓厚兴趣：难道这个消失了 80 多年的动物竟然重现了吗？

袋狼（*Thylacinus cynocephalus*），在英文中又被称为 Tasmanian Tiger（塔斯马尼亚虎）。其实，它既不是狼，也不是虎，而是袋鼠和考拉的亲戚，是袋鼬目中最大的食肉类有袋动物。因为它外形似狼，所以被称为袋狼；又因为其背上有疑似老虎的条纹，曾常见于澳大利亚塔斯马尼亚岛，所以也被称为塔斯马尼亚虎。

霍巴特动物园的袋狼（摄于 1933 年）

袋狼体形瘦长，体色呈棕褐色，背、腰、臀部有 15 ～ 16 条黑褐色横纹，尾巴细而长，前足 5 趾，后足 4 趾，腹部有向后开口的育儿袋，袋内有 2 对乳头。和袋鼠、考拉一样，小袋狼出生后幼体是在妈妈的育儿袋里成长的。袋狼的头骨像极了狗的头骨，但它的捕食策略更类似于猫科动物。它擅长伏击猎物，就像狮子一样；而不是像犬科动物（如狼），用长时间的奔跑来和对手拼消耗，直至猎物力竭而亡。何况，袋狼的小短腿也不适合长距离奔跑捕食。

1936 年 9 月 7 日，世界上已知的最后一只袋狼本杰明在澳大利亚霍巴特动物园生活了三年后，孤独地死去，从此袋狼被宣布为功能性灭绝。也就是在宏观上这个物种已经灭绝了，即便有零星的个体也不足以繁殖后代。那么袋狼是如何灭绝的？为什么到最后只剩下了本杰明呢？

一名澳洲猎人抱着
刚刚猎杀的袋狼

　　早在 2300 万年前，袋狼就已经出现在了地球上。有袋动物是一类很原始且古老的类群，本身竞争性比较弱，但地理上的阻隔使得在澳洲大陆上的这类低等哺乳动物免于同其他大陆上的兽类展开竞争。因此，袋狼不但生存无忧，反而成为了澳洲生物链的顶端物种，一直过着"江湖老大"的霸道日子。

　　人类进入澳洲大陆后，情况发生了质的变化。人类带来的大量家犬中，一部分因为各种原因跑到了野外，野化为澳洲野犬，开始与袋狼产生竞争。从此，袋狼的霸主地位遭遇了挑战。加上人类活动不断增加，森林草原等栖息地减少，在大约 3000 年前，袋狼在澳洲大陆消失殆尽，只剩下少部分苟活在海峡另一边的塔斯马尼亚岛。

但剩下的这些袋狼也没有逃过灭绝的命运。随着农业与畜牧业在塔斯马尼亚岛的发展，人们发现羊群经常性遭到袭击，并认为这是袋狼的"杰作"（事实上野狗才是罪魁祸首），于是媒体便不断将袋狼描述成一种恶魔。1888年，澳洲政府悬赏捕杀袋狼，杀掉一只袋狼就可以获得1英镑的奖励，这在当时相当于一个工人3～4天的工资。据报道，澳洲政府一共颁发了2184英镑的奖金，2268只袋狼被无辜猎杀。

袋狼进入野生动物交易市场也是其灭绝的原因之一。1850年到1933年，大约有200只袋狼被卖到澳洲及海外的动物园和马戏团。其中卖往伦敦动物园的袋狼达到了20多只，而在运输途中因为各种原因死去的个体就更多了。另外，自1900年起，虽然袋狼开始变得稀少，但捕杀却并没有停止，因为博物馆与大学也需要袋狼的标本。

就这样，在各路力量的合力围剿下，袋狼终于没能逃过一劫。可以说，是人类的自大、无知、贪婪，直接导致了袋狼的灭绝。

袋狼复原图

　　2016年2月，业余动物研究者尼尔·沃特斯在自家后院拍摄到的"袋狼"在阿德莱德山区漫步的短视频仅有3秒，但可以清楚看见一只尾巴又粗又长的动物。发布者声称共有五个人看到了袋狼并分别近距离录制了视频。

　　尼尔·沃特斯认为，这只动物有着袋狼的一些典型特征：身体疑似有暗色条纹，尾巴长、硬且尖细，尾根部比较粗壮。同时沃特斯还采访了5位"袋狼"目击者，目击者表示以前从未见过这种动物。沃特斯坚信视频里的动物不是狐狸或者野狗，而是大家认为已经灭绝的袋狼。

但也有科研人员持反对意见。有专家指出，视频中的动物与袋狼极度不像，那些袋狼在阿德莱德山区生活过的踪迹都是没有被官方认证过的。

其实，在1936年袋狼被宣布功能性灭绝之后，不断有袋狼再次出现的消息传出，据统计大约有3800次的发现。1984年，动物学家阿索尔·道格拉斯还在野外拍摄到一组疑似袋狼的照片，并据此发表了论文。但目前来看，这些发现的证据都不太充分。当然，科学家们也曾尝试从保存下来的袋狼的幼崽标本中提取DNA，或许将来的某一天，基因技术能使这一物种再次复活。

在上海自然博物馆的地下一层，有一条"灭绝长廊"，长廊的墙上以时间为主线，印刻着1500年以来的198种已经不复存在的物种，其中一个就是袋狼。但愿有一天，因为袋狼或者其他物种的复活，这条长廊会是另一番模样。

费尔南迪纳加拉帕戈斯象龟

1906年后，费尔南迪纳岛上的加拉帕戈斯象龟就被认为因火山活动而灭绝，之后也没有该物种的任何生存痕迹。2019年2月，一支考察队在岛上意外发现了一只雌性象龟，据信已经超过100岁。自此，这种在100多年前就被宣布为灭绝的物种重出江湖。

一群"无角獠牙"兽正在上海壮大

文 / 余一鸣

　　1870 年前后的二十几年间，一个叫威廉·桑德斯的英国摄影师在上海开了家照相馆，并给照相馆和自己取名叫"森泰"。闲暇时，摄影师森泰常常外出"扫街"，并在街上拍到了这么一张照片：本地猎户正挑着猎物——野生雉鸡和一种没有角的鹿，准备去市场上售卖。这种鹿科动物中唯一的雄性头顶不长角的成员，正是本文的主角——獐。

獐（何 鑫摄）

何鑫 摄

　　獐是东亚地区特有的动物之一，历史上曾广泛分布在辽东半岛、华北平原和长江两岸。"野有死麕（jūn），白茅包之"，先秦的《诗经》里就出现过它。它曾是上海的"土著"居民，根据化石发掘和文献记载，早在新石器时代，上海地区就有獐的分布，在松江广富林遗址中也有獐的骸骨，有獠牙、无鹿角是它们最大的特点。

　　由于獠牙尖利外露，獐又被英语国家的人们称作"吸血鬼鹿"。不过，獐既不是吸血动物，也不是猛兽。由于这副獠牙仅在成年雄性个体的嘴里出现，因此很显然这是一种动物性征。此外，獐在平时特别胆小，一碰到人，它会先盯着你愣一会儿，只要你稍有动作，它便会"哧溜"一下跑掉，所以它实际上是个十分谨慎的胆小鬼。当然，雄性獐在生殖季节会互相搏斗，尖利的獠牙会像利剑一样刺向对方，但这无非是争夺交配对象和生存领地的本能罢了。

獐（摄于英国）

据考证，就在森泰拍下那张獐的照片后的 30 年左右，獐在上海消失了，这一消失就是将近 100 年。与此同时，在地球另一边的英格兰东南部的剑桥郡，却出现了一个稳定的野生獐种群。这是英国引入物种产生的结果。

中世纪之后的欧洲，形成了"走到哪儿研究到哪儿"的博物学传统。工业革命给欧洲带来了先进的工具，自然科学研究者们则跟随蒸汽和枪炮，收集着全世界的物种材料。1870 年前后，獐作为东亚地区的特有种被引入了英国，定名为 *Hydropotes inermis*，其中 *inermis* 即拉丁语"没有角"的意思。

可惜的是，在獐的原产地东亚，尤其是中国，獐的生存状态却不容乐观。

19 世纪 80 年代，上海市郊的青浦、奉贤等地还生活着很多野生獐，随着人口密度的增加以及社会经济的发展，适合獐生活的林地一点点被蚕食，无节制的捕猎又给了野生獐致命一击。到了 20 世纪初，獐在上海悄无声息地消失了。20 世纪 90 年代的调查发现，仅在江苏东部沿海、浙江舟山群岛、安徽东部和江西鄱阳湖湖区一带还有野生獐的少量分布。

獐有没有可能再回上海呢？

在保护生物学中，在一个物种的历史分布区域内，通过释放野生或圈养个体，重新引入该物种并建立新的野生种群，这叫作"物种的重引入"。

全球在动物重引入上做过许多尝试，较为成功的有：欧洲中东部重引入欧洲野牛，阿曼重引入阿拉伯大羚羊等，我国在不同地区正在开展的重引入对象包括扬子鳄、麋鹿、野马、朱鹮等濒危物种。

对于重引入，世界自然保护联盟有一套标准：要有社会经济的支持；要有适宜的栖息地；该物种在当地的灭绝历史不能太久；该物种在当地没有新的遗传分支。这些条件，上海完全具备。于是在2006年，浦东华夏公园獐重引入的繁殖试点建立了。第二年3月，20只来自浙江舟山群岛的獐正式入驻，很快适应并繁殖成功。接着，在松江浦南林地开始了野化试验，滨江森林公园和南汇东滩的野放工作也在随后展开。等到它们在野外拥有了稳定的、足够数量的繁殖种群后，需要继续重复繁育—野化—野放的过程。为了扩大种群，松江新浜林地、明珠湖公园也成了獐在上海的新家。

（何 鑫摄）

獐的种群在上海能够慢慢稳定下来，不仅有研究力量的支撑，更有林业部门、野生动物保护管理站和世界自然基金会等众多后援的支持。那么，我们花这么大的力气重引入獐，有这个必要吗？

先思考这样一个问题：在环境遭到破坏的时候，昆虫、植物、鸟、兽，谁有可能最先消失呢？是大型动物。与昆虫等小型动物具有的适应力相比，大型动物是最脆弱的。所以，如果要做生态恢复，除了公园绿地、原生植被的重建以外，原生大型哺乳动物能否入驻是一个重要的信号。对于上海来说，獐的重引入可以说是上海城市生态恢复的标志，獐也成为了生态重建的一个旗舰物种。

当然，事情永远都不可能一帆风顺。比如我们就发现一个问题：有相当数量的獐在公园、林地旁的小河里溺水而亡，可獐明明是会游泳的。为什么会这样呢？原来，在一些公园绿地河道上岸的地方，做了一个有高度的、直上直下的木栅栏。虽然建设方有其考虑，但这种做法对野生动物却并不友好：一方面会增加落水动物爬上岸的难度，另一方面也人为地切断了水陆过渡区。如果能让河岸自然生长，产生更多的草区，不仅不用担心獐在这里落水，也能给昆虫、两栖动物等带来更多的生存空间。

（何 鑫摄）

　　作为一个普通市民，我们能为獐在上海的重新落户做些什么呢？其实，你只需要了解它，认识它，不打扰它就足够了。如果你有幸在滨江森林公园、南汇东滩等地遇见它，就默默地祝愿它在上海过得好吧。

麋鹿回家

　　100多年前，一种被称为"四不像"的野生动物在故土中国绝迹，它就是麋鹿；100多年后，从英国重新引入的种群在江苏大丰麋鹿国家级自然保护区兴旺繁盛。这就是麋鹿回家的故事。

江苏盐城大丰麋鹿国家级自然保护区

江湖实力派，非洲"彩色狼"

文 / 余一鸣

如果你只看它的耳朵，简直忍不住想要摸一摸，因为那太像米老鼠的耳朵了。但你若看过它的脸，便会倒吸一口凉气，因为那完全是一副恶相。如果你再审视它的身体，那色彩，仿佛打翻的颜料溅了一身。它就是和狮、豹、鬣狗等"悍将"齐名，非洲稀树草原上难缠的对手——非洲野犬。

非洲野犬（*Lycaon pictus*），犬科动物，非洲野犬属的成员。注意，它们不是犬属物种，而是犬科中和犬属并列的一个犬科分支。它身上那说不清的杂色，让它有了"三色犬"和"彩色狼"这样的别称（种名 *pictus* 即彩色的意思）。和斑马一样，每只非洲野犬的斑纹都是独一无二的。因此，可以很容易地通过色斑进行个体的辨别。

非洲野犬的长相实在不讨人喜欢，但是在一片长年累月竞争激烈的土地上，长得好不好看并不重要，毕竟这是一个靠实力才能生存的地方。那么，非洲野犬有哪些特殊技能来保证它的实力呢？

　　一是攻击凶猛。非洲野犬的攻击相当凶猛，这部分有赖于它的牙齿配置。它共有42颗牙齿，前臼齿相对狼等其他犬科动物要更大，这样带来的好处是咬力极强，可以磨碎大量的骨头。

非洲野犬露出牙齿

非洲野犬与角马对峙

　　二是团队作战。非洲野犬以群体为单位行动，每个群体的成年成员是 7 ～ 15 只，由一对首领带队。捕猎之前，族群内会举行投票，同意的表达方式是打喷嚏。打喷嚏的非洲野犬越多，整个族群出发去猎食的可能性越高。当然，群里通常还有"话语权"较大的雄犬或雌犬，如果它们打了喷嚏，那么不需要经较多野犬同意便可出发。

　　非洲野犬的猎物范围很广，主要是更大体形的羚羊或角马，因为大型猎物才能满足一大家子的胃口。由于非洲草原上的大型掠食动物比较多，

以前，人们认为它们会在不同的时间段行动，以免狭路相逢造成厮杀。比如非洲狮和鬣狗主要在夜间捕食，而野犬和猎豹在白昼出击。但非洲野犬的猎杀时间其实相当宽泛。一项研究表明，在月相从上弦月变成满月的过程中，非洲野犬增加了夜间活动。到满月时，它们把 40% 的捕猎活动放在夜里完成。

争食猎物

三是友爱互助。非洲野犬的首领对群内幼崽都会给予照顾，即便是其他雌性伙伴的后代，头领雌犬也会扮演"亲妈"的角色选择养大它。这一点与其他具有同样严密社会结构的掠食动物非常不同，有些种类会杀死种群内其他个体的后代。这种群体内的友爱产生的结果，让非洲野犬成为其他掠食动物头疼的对象，甚至非洲狮也不敢拿它们怎么样。

　　非洲野犬的祖先，可以追溯到6000万年前的细齿兽，这是一种短腿长尾并且身体长的小型食肉动物，是现存食肉目的祖先。到了大约3000万年前，演化出拟指犬（*Cynodictis*），适应于树栖生活，有着一定程度的尖利爪子。这类远古生物随后演化出了几大洲的犬类：非洲野犬属、豺属，以及南美洲的薮狗属。

　　今天的非洲野犬生活在非洲草原、灌木丛以及稀疏林地里，是非洲野犬属下唯一的一个成员。它身体苗条，动作敏捷，长长的腿部肌肉发达，发现猎物后紧追不舍，直至对手精疲力竭，束手就擒。

　　不过，即便非洲野犬骁勇善战，它们的生存仍遇到了巨大的困难。过去几年，津巴布韦南部的保护区就曾记录下仅仅 4 年时间一个非洲野犬种群从崛起到消亡的过程。

　　尽管在控制自然界野生动物的数量方面，非洲野犬的角色十分重要，不过长期以来，它们一直被看作是凶狠残酷的杀手。因此，即使非洲野犬如今已经处于世界自然保护联盟濒危物种红色名录的濒危级别，仍然少有人关注。目前，非洲野犬的数量仅为 6600 头左右，其中一大半是幼体，成年个体不足 1500 头，主要在肯尼亚、津巴布韦等 6 个国家活动。

非洲野犬的生存威胁主要来自两方面，一方面是犬瘟热、狂犬病等疾病的威胁，群居习性可能导致疾病在整个犬群内快速传染；另一方面是栖息地碎裂化的影响，因为非洲野犬具有长途奔袭的特性，对栖息地要求很高。

　　无论如何，非洲野犬还在努力地活着。"彩色狼"仍然在非洲大地上奔跑、追击。

非洲野犬幼崽在玩耍

这是一个无法横行的家伙

文 / 徐　蕾

豺

　　豺与狼，在中国文化里是两个不招人待见的家伙。屈原在《招魂》中写道："豺狼从目，往来侁侁些。"这是恶霸的形象。蔡文姬在《悲愤诗》中写道："出门无人声，豺狼号且吠。"这是催命鬼的形象。李白在《蜀道难》中写道："所守或匪亲，化为狼与豺。"这是土匪的形象。乔羽在《我的祖国》歌词中写道："朋友来了有好酒／若是那豺狼来了／迎接它的有猎枪。"这是敌人的形象。千百年来，豺和狼几乎就是"恶兽"的代名词。对于狼，人们多少有些了解，而对于豺，大家连它的长相可能都感觉模糊。事实上，这种食肉目动物可能还来不及被人所认识，就要从地球上消失了。

　　虽然豺狼两个字像连体婴儿一样，经常一起出现，但实际上两者甚至不是同一个属的兄弟。豺是食肉目犬科豺属里的"独生子"（*Cuon alpines* Pallas,1811）。豺的学名中，属名 *Cuon* 在希腊语里就是狗的意思，种加词 *alpinus* 则是多山的意思，所以它学名的字面意思就是"山地狗"，这显然与它的生活环境有关。而它的英文名 Dholes 有"鲁莽、大胆"的含义，这又透露了豺的性情。据统计，世界各地关于豺的名称有多达38种语言64个不同的称呼，由此可以推断，它的分布曾经十分广泛。

　　1811年，学者帕拉斯（Pallas）给豺正式定下科学名字，并将豺放在犬属（*Canis*）之下。但后人研究发现，豺的解剖结构和生理特性都与犬属有着明显差异，比如豺的下颌每侧只有2颗臼齿，不同于犬属的3颗；豺有6～7对乳头，而一般犬属动物多为5对，等等。因此人们将豺从犬属里独立出来，成立了豺属（*Cuon*），豺也成为该属下现存唯一的一个物种。

　　作为一对声名狼藉的难兄难弟，豺与狼总免不了被拿来对比一番。狼的学名是 *Canis lupus* Linnaeus，1758。其中的 Linnaeus 就是大名鼎鼎的生物命名大师林奈，而狼的命名时间也比豺早了半个世纪。所谓豺狼当道，大概可以理解为两者分布都是极其广泛的，狼广布于欧亚大陆和北美，而豺主要分布于整个北亚、南亚及东南亚的大陆地区，所以林奈给狼命名时大概是没机会见着豺的。

　　从长相来看，豺比狼体形略小，身材更紧凑、更瘦一些，毛色一般是黄棕色到红褐色，所以在很多地方它们也被称为红毛狗、红狼。

中国豺的体毛更偏红色，腹面白色，红白分明；而印度等南方地区的豺的背腹面毛色更趋于一致。与狼相比，豺外观上还有个明显的特征是尾梢基本都是黑色的，这一点很好辨认；豺的口鼻部往往比狼更短而宽，这样的口型更适合吃中大型猎物。

为了对抗环境中的众多对手，豺的牙齿加强了演化，使得它在撕咬猎物时效率更高，据说只需10分钟，豺群就能解决掉一整只猎物。豺虽然与狼一样是社会性群居动物，但在进餐时，却是妇孺老幼一起吃，不分彼此；不像狼群，得等首领吃完了，其他等级的狼才能进食。

虽然豺没有狼的体形大，但这并不妨碍它成为犬科动物中最强的一员。它不仅跑得像一阵风，跳得比狼高（原地跳高可达2米多），还是个游泳高手。

豺的捕猎对象一般是中大型有蹄类动物，在南亚一带，与虎、豹的猎物经常是重叠的，但是豺凭借超强的运动天赋，在集体捕猎时绝不嘴软，甚至敢于与虎、豹作对。

犬科动物往往擅长发出特别的叫声，最招牌的莫过于犬吠、狼嚎。其实，豺在发声方面才是真正的天才，它可以发出很多不同的声音，比如喵喵叫、咯咯叫、尖叫等，特别擅长的是吹口哨。在英文里，豺除了叫 Dhole，还有个名字叫 Whistling Dog 或 Whistling Hunter，指的就是它独有的口哨声。声音是豺用来相互通讯的工具，在丛林里，声音是最好的交流方式，而作为严谨的社会性群居动物，群体内的日常交流更是必不可少。在豺的各种声音里，口哨声最有特色，每一只豺的口哨声都不相同。由于不同豺的个体在外观上的差别很小，有时候就连动物园里的饲养员都很难区分它们，这时候，口哨声倒可以用来作为个体识别的手段。

可是，曾经分布广泛的豺，目前的生存状态却令人堪忧，其处境比犀牛、非洲象、北极熊更为濒危。由于人类捕杀、栖息地丧失和食物枯竭等原因，豺可能已经从亚洲东部和中部的历史分布区内消失，在东南亚也仅分布在大型自然保护区内。印度的中部和南部是豺的大本营，目前野外可繁殖数量估计只有2500头。

当年，北美旅鸽从50亿到0的消亡史只用了一百来年的时间；北方白犀从1973年的1000头到只剩下2头也只用了短短45年的时间。那曾经频繁出没于山野的豺还能坚持多久呢？

北美旅鸽 ....

17世纪，欧洲人进入北美的时候，北美旅鸽的数量估计在50亿只上下。自19世纪初到19世纪末，北美旅鸽因为肉质鲜美，被欧洲人搬上餐桌，从此进入灾难期，有记录的最大一次猎杀达到25万只。1914年，动物园里最后一只人工饲养的名叫"玛莎"的北美旅鸽去世。这种曾经繁荣一时的鸟类从此只见于历史。

....

"武林萌主"本是熊

文 / 宋婉莉

　　中国孩子从小就知道我们的"国宝"大熊猫，而外国小朋友对大熊猫的最初认知很可能会和一部叫《功夫熊猫》的动画电影挂钩。在这部电影里，我们的"国宝"大熊猫被塑造成了一个高尚正义的武林侠士的形象。

　　近年来，大熊猫家族喜事连连！

2016 年 8 月 7 日，奥地利维也纳美泉宫动物园的大熊猫"阳阳"产下了一对龙凤胎宝宝"福凤"和"福伴"。2017 年 7 月 30 日，23 岁的大熊猫"海子"在卧龙神树坪基地成功产下一对双胞胎宝宝，创下大熊猫产仔的最高年龄纪录。这难度有多大呢？就好比人类在 80 岁时生下了宝宝。同年 8 月 4 日，法国土地上诞生了第一只大熊猫宝宝"圆梦"。2020 年 7 月 20 日，旅居韩国首尔的一对大熊猫"爱宝"和"乐宝"迎来自己的宝宝。2020 年 8 月 21 日，旅居美国国家动物园的大熊猫"美香"产下一个可爱的小宝宝……

这些大熊猫宝宝在出生时，都获得了大量的关注，因为全世界人民都喜欢超级可爱的大熊猫，它也担得起"武林萌主"的尊号。不过，面对这位动物世界的"萌主"，除了可爱，你又了解多少呢？

黑白配的大熊猫固然人见人爱，但它可不是"猫"，而是"熊"这一家族的成员。无论从形态解剖还是分子生物学角度的研究都证明，大熊猫（*Ailuropoda melanoleuca*）和北极熊、黑熊一样，同属熊科。虽然大熊猫的外表十分乖萌，但本性其实还是比较凶猛的。近年来，就有不少大熊猫伤人的报道，伤者有游客也有饲养员。可见，这位"萌主"其实是"霸主"。它的攻击力到底有多强呢？科学家的回答是：一只成年大熊猫的咬合力不亚于一头成年美洲豹。

熊类其实跟猪一样，是典型的杂食动物。虽然大熊猫看上去天天吃竹子，但它们并不是植食性动物。

大熊猫的祖先始熊猫（*Ailuaractos lufengensis*）由拟熊类演变而成，以杂食为生。后来，在进化过程中，大熊猫丢失了一对能感受食物鲜度的基因T1R1，从此吃起肉来索然无味。同时，气候和栖息地不断变化，最终导致它们选择了满山丛生的竹子为主要食物，并因此而成了"素食者"。其实，在食物匮乏的时候，野生大熊猫仍会偶尔进入村庄偷吃鸡、羊，这充分证明了大熊猫没有完全丧失杂食动物的本性。

为了好好地享受竹子，大熊猫还进化出了第六指，即伪"拇指"，可以帮助它夹住竹子以便进食。

奇怪的是，虽然大熊猫改吃竹子已经长达700万年之久，却并没有进化出食草动物的消化系统，体内也没有消化纤维的酶。那么，它们是如何维持身体营养的呢？

两个字：多吃。

由于大熊猫体内少量的肠道菌落对于竹子的消化率只有17%，因此它们需要吃更多的竹子来汲取足够的营养。它们每天要花上10多个小时来吃，并且一边吃一边拉，排便甚至可以超过单日48次，而一天里余下的那10来个小时它们就用来睡觉。也就是说，它们的日常状态就是吃了拉，拉了睡，睡了吃，如此循环往复。可以说，每日光吃喝拉撒，就已经消耗掉了大熊猫大量的体力。

大熊猫能够成为"国宝"，靠的不仅仅是颜值，更因为它有能力同时担当起保护生物学中"伞护种"和"旗舰种"的角色。

　　在保护生物学中，伞护种本身不一定有多大的生态学地位，但它所需要的生存环境能覆盖很多其他物种；只要保护了它，就能连带保护很多别的物种。大熊猫带动了中国西部地区的动物保护区建立，由此惠及了它的"邻居"，使羚牛、川金丝猴、四川山鹧鸪、川陕哲罗鲑、横斑锦蛇、大鲵、独叶草、岷江冷杉等大量的物种也得以受到保护。

熊猫走廊带

　　我国已经建立了 40 多个大熊猫保护区，保护了一半以上的大熊猫栖息地。但是由于各种原因，造成了栖息地的碎片化，严重阻碍了大熊猫的交流。因此，国家在不同栖息地之间构建了走廊带，如秦岭大熊猫走廊带、四川大熊猫走廊带等，这是一个为大熊猫"走亲戚"建设的网络，以便促进它们的基因交流。

　　至于旗舰种，一般是指在一定范围内具有较强影响力和吸引力的代表物种，通俗来说就是"人见人爱，花见花开"，让人们都喜爱的动物。谁都知道，大熊猫就是动物界的超级大明星。有大熊猫在，就会吸引更多关注的目光，对野生动物保护来说，这无疑是一件值得庆幸的事情。

　　见多了被精心呵护的温室里的大熊猫，你是否更盼望见一见野生的大熊猫呢？2016 年 3 月，上海科技馆科学影视中心的纪录片拍摄团队前往海拔 2300 米的秦岭，真实记录到了野生大熊猫的日常。下一次你去参观上海科技馆和上海自然博物馆时，别忘了一睹野生大熊猫的风采。

让人"脸盲"的貉

文 / 何 进

  你听说过"一丘之貉（hé）"这个成语吗？它出自《汉书·杨恽传》，用来形容品行不端的坏人，就像是在同一个山丘里生长的貉一样，没有什么差别。

  那么，你知道貉是一种怎样的动物吗？它真是一个坏家伙吗？

冬季的貉

貉（*Nyctereutes procyonoides*）是一种犬科动物，外形似狐，毛呈土褐色或棕灰色，在分类上属于犬科狐亚科的貉属，是犬科中最原始的类型。貉栖息于阔叶林中的开阔地，或者开阔的草甸、茂密的灌丛带和芦苇地。

貉是一种夜行性动物，通常过的是独居生活，偶尔也会成小群一起活动。它们经常沿着水边觅食，其食性非常广泛，并且会季节性地改变饮食：在深秋和冬季，它们主要以啮齿动物、腐肉和粪便为食；在春季，水果、昆虫和两栖动物则占据它们食谱的主导地位；在夏季，它们的主要食物为筑巢的鸟类和水果、谷物及蔬菜，啮齿动物退居其后。

貉是目前已知犬科动物中唯一冬眠的种类。不过，它和蛇的冬眠方式不同，而更接近于熊。它们在冬季并非持续性睡眠，偶尔在融雪天气中也会出来活动，到了二三月天气变暖之时，会提前出来觅食。

在冬季，貉的毛皮长得又长又厚，看上去是脏兮兮的土褐色或棕灰色，可以抵御 -25℃ ~ 20℃的严寒。而在夏季，它们的皮毛显得明亮光泽，带有红色和稻草色。过去，人们将貉的毛皮用作制裘的材料，19世纪初的时候，貉皮的世界贸易量曾经达到26万张，不过随着人类观念的转变，对皮草的需求日趋减少。

在貉的养殖产业日渐衰落的同时，野生貉的种群也得到了暂时的修养生息。

貉的英文名叫 raccoon dog，逐词翻译过来即为浣熊狗，很明显，这是在提示我们：它和浣熊以及狗有着某些相同的特征。但是，也有很多人觉得，狗獾、猪獾、小熊猫都和貉长得比较像。对于有"脸盲"困扰的人来说，猛一看见一个既像这又像那的小动物，总是会有点蒙，不知道这个家伙到底是谁。下面，我们就来逐一盘点一下吧。

狗獾（*Meles leucurus*）是鼬科狗獾属的动物，它曾经和欧洲獾（*Meles meles*）被视为同一个物种，后来才分道扬镳。狗獾矮胖，身材像一个圆滚滚的小狗。它有一个明显的长鼻子，鼻子的末端有一个大的外鼻垫，腿和尾均短而粗。狗獾和貉最大的区别在头面部，与貉相比，狗獾和欧洲獾的头面部有着明显的黑色和白色条纹，只是欧洲獾的条纹更加明显，两者都栖息在森林、灌丛、田野、湖泊等各种生境，分布于亚欧大陆的大部分地区。

狗獾标本

猪獾　　　　　　　　　　　　　　　　　　　　小熊猫

猪獾（*Arctonyx collaris*）是鼬科猪獾属的动物。它的名字来源于它猪一样的吻部。猪獾体形粗壮，四肢粗短，脸部多为白色，在鼻子延伸处有两条黑色条纹，纹路没有狗獾那么清晰，主要分布于东亚和东南亚一带。

小熊猫（*Ailurus fulgens*）是小熊猫科小熊猫属的一个"高颜值"物种，不管是看脸还是看体形，小熊猫都要比貉好看很多。其实从颜色上就可以很容易地区分小熊猫和貉。小熊猫的皮毛为均一的红褐色，它的身体胖矮，外形像家猫，在中国主要分布于西藏（喜马拉雅山南坡）、云南、四川等地区。

浣熊（*Procyon lotor*）属于浣熊科浣熊属，它是与貉的脸部长得最为相似的动物了，但它们的尾巴仍有明显的区别。浣熊的尾巴上有比较明显的黑色和灰色相间的环纹，看上去圆滚滚的；而貉的尾巴上环纹不明显，并且相对于体长来说尾巴较短；另外，浣熊的尾巴呈长棒状，而貉的尾巴就如一支大毛刷。

浣熊

　　有时候你会听到"狸猫"这个词，尤其是在日本文化里的狸或者狸猫，其动物原型就是貉。但在中国，狸这个字有多种含义，有的指黄鼠狼，有的指野猫，也有人看到狸会联想到狐狸、狸猫等动物，但"狸猫"一词其实也不是科学意义上的"物种"名称，它通常指灵猫。

　　近年来，上海的不少地方不时出现貉的身影，松江、青浦等地的一些小区甚至有貉伺机攻击宠物狗和流浪猫的报道。这一方面说明上海的生态环境建设取得了显著的成绩，上海的本土野生兽类得到了回归；另一方面也给城市治理提出了新的课题，即如何在与野生动物和谐相处的同时，让居民的日常生活少受干扰。我们相信，随着广大市民对野生动物保护的关注越来越多，貉与其他本土的野生物种如獐、狗獾等，也会活得越来越自在。

停止投喂

　　在很多小区，市民都有投喂流浪猫猫粮的行为，这引来附近的野生貉进入小区抢食猫粮，导致貉种群在小区内大量繁殖，数量剧增。对此，专家建议停止投喂，或者喂完流浪猫即收走食盆；同时，对小区里的貉，采取"不害怕，不接触，不投喂，不伤害"的态度。

濒危犀牛的前世今生

文 / 吕泽龙

　　每年的9月22日是世界犀牛日。现在，我们就来聊聊犀牛。

　　狭义上犀牛是哺乳纲犀科（Rhinocerotidae）动物的统称，现存共有5种。而广义上犀牛是犀超科所有动物的统称，比如4500万年前的早期犀牛——蹄齿犀类。犀牛虽然名字中有"牛"，但实际上它并不是牛的亲戚。牛是偶蹄目动物，而犀牛属于奇蹄目，它的近亲是马和貘。在千百万年的时间里，犀牛经历了"疯狂"的演化。今天犀牛所在的真犀科，以及巨犀科、两栖犀科等类群，都是犀牛家族的典型代表。只不过，它们中的很多物种都已经离我们远去。为了更好地了解犀牛的前世今生，我们先来认识一下那些曾经的犀牛"明星"。

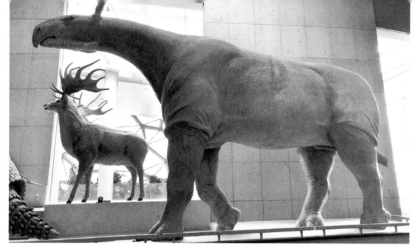

上海自然博物馆生命长河展区的巨犀标本（周 明摄）

首先来看"超级陆兽"巨犀。在渐新世，陆地上体形最大、身量最高的动物并非长鼻目的大象和偶蹄目的长颈鹿，而是奇蹄目的巨犀。巨犀属于犀超科下的巨犀科，有 6 个属。

早期的巨犀，比如中始新世 4200 万年前的始巨犀，体形相对没那么大，但是之后的巨犀就逐渐变得更大，脖子更长，这使得它们的身躯看着既像犀牛也像长颈鹿。2021 年 6 月发现的新物种——临夏巨犀的肩高超过了 4.8 米（已经和长颈鹿相仿了），加上长长的"天鹅颈"后，它的头顶高度可达 7 米。这些"长脖巨兽"爱吃树叶，并拥有适合取食树叶的低冠齿。

两栖犀和跑犀是两种长相怪异的史前犀牛。其中，两栖犀科是一类特别的犀牛，它们的长相既像貘也像河马。两栖犀科下面有两栖犀属、巨两栖犀属等多个分支。其中，两栖犀属的生活习性类似于河马，平时生活在水中，饥饿的时候上岸觅食，喜食较嫩的植物枝叶，具备与河马相似的锋利犬齿和粗壮体形。而巨两栖犀属的体形就更大了，甚至可以长到 4 吨重。

比起两栖犀来，跑犀科的跑犀长得就更不像犀牛了，它们不仅个子小（身长仅 1 米），腿也比较细，瘦小的身子让它们看起来像小黑驴。它们的四肢和貘一样，前足四个脚趾，后足三个脚趾——这是奇蹄目的原始特征，身体结构适合快速奔跑，以躲避捕食者。

　　跑犀和两栖犀这两类没有角的犀牛，在始新世和渐新世扮演着类似于今天鹿类到羊群、水牛和河马一样的生态位角色。它们在当时的欧亚大陆和北美都有分布，在我国北方多个省份的始新世地层里，也发现过两栖犀科很多种属的化石。

　　大唇犀是一类长着"香肠嘴"和獠牙的史前犀牛。它们在中新世的中晚期开始繁荣起来。这类犀牛有着发达的嘴唇，下颌骨吻部向侧面扩展，且带着锋利的獠牙，上唇类似于今天的貘，可以把草叶卷到獠牙上进行切割。当食物被送到口腔后部的时候，高齿冠的臼齿可以用来磨碎食物。在这一时期，环境干旱的地球上已经有了大片草原，而大唇犀也依赖草原上坚硬且高纤维的青草为食。它们为了吃草而演化出了缩短的远端肢骨，这样可以有效地降低身体的高度。这类犀牛没有角，不过在中新世之后的上新世和更新世，化石记录中有角的犀牛就多起来了。

就在晚中新世大唇犀衰亡时，板齿犀从中国的西北地区走了出来。它约在 3600 万年前和现代犀牛所在的支系走上了不同的演化道路，成为一个独立的类群——板齿犀亚科。

　　早期的板齿犀亚科，有着同现代犀牛类似的鼻角，但在之后的演化中，鼻角不断变大且上移变为巨大的额角。晚期出现的板齿犀属已经长有额角，额角上方还可以看见肉瘤一样的凸起。

　　板齿犀是在巨犀灭绝之后，为数不多的在陆地上体形超过中大型长鼻目的动物。更新世的西伯利亚板齿犀的体形甚至可以比肩今天的非洲象。当板齿犀在更新世的荒原之上行走时，它们在真犀科的同门兄弟也登台唱戏，成为古生物研究中引人注目的成员。这就是那个 3600 万年前和板齿犀走向两条道路的支系，包括了今天的 5 种犀牛，以及包括披毛犀在内的一些史前犀牛。它们也是犀牛家族的末裔。

板齿犀复原图

披毛犀复原图

　　这个支系在 1600 万年前再分成两个支系，一个降临到非洲，诞生了今天的黑犀和白犀；另一个在欧亚大陆发展，并在 1480 万年前再度分化为两个支系，一个是独角的犀牛，另一个是双角的犀牛，包括今天的苏门答腊犀和冰河时期的披毛犀、梅氏犀等。其中，披毛犀曾经在青藏高原上驻足，之后在冰河期走出高原，来到河北的泥河湾，走向了中国东北以及更北的地方。披毛犀也曾用它利于在雪地里寻找食物的扁状大角去觅食，并与长毛猛犸象碰过面。

　　犀超科到了更新世就只剩下真犀科，早已没了始新世、渐新世时的辉煌，但种属依然不少。在更新世的最后、冰河期结束全新世来临时，犀牛只剩下硕果仅存的 5 个成员，它们良好地适应了生存环境。这 5 个成员就是现生的 5 种犀牛，分别为黑犀、白犀、印度犀、爪哇犀、苏门答腊犀，前 2 种分布于非洲，后 3 种分布于亚洲。

黑犀

南方白犀携幼崽

黑犀生活在非洲东部和南部的一些地区，虽然名字里有个"黑"字，但身体颜色并不是明显的黑色，而是从棕褐色到灰色都有。和白犀相比，它们有着明显的尖而窄的吻部，更利于咬取树枝和树叶。同时，它们还长有锐利而细长的角。2019年的数据统计显示，黑犀的数量约为5500头，且呈缓慢增长趋势。不过即便如此，黑犀的生存仍然存在危机。

和黑犀不黑一样，白犀也不是白色的。白犀的嘴部方而宽大，因此荷兰人在最初记录它时，给它取名为宽鼻犀牛。但后来，英国人在翻译这个名字的过程中发生了错误，由于英语里"白"和"宽"这两个单词的发音近似，所以"宽"被误译成"白"，白犀的名字就这样传开了。

白犀以草为主食，宽大的口鼻有利于食草，这也成为区分它和黑犀的主要特征。此外，也可以通过体形的差异来区分这两种犀牛。白犀体形较大，体重可以达到 2 ~ 3 吨，肩高可以超过 1.8 米甚至达到 2 米，而黑犀一般体重在 1 吨左右，肩高则为 1.5 ~ 1.7 米。

白犀有两个亚种，即分布于南非等非洲南部国家草原的南方白犀和分布于肯尼亚等东非国家草原的北方白犀。前者目前数量约 2 万头，受保护程度较高，还被引入了东非的一些地方；后者则几近灭绝，现在全世界仅剩下 2 头雌性。由于北方白犀和南方白犀的亲缘关系较远，也有学者认为应该把它们分为两个物种。

再说亚洲的 3 种犀牛，它们曾经在气候相对温暖潮湿的全新世等一些时期，分布于古代中国以及东南亚、南亚的广大区域。但是，由于气候变化和人类活动的干扰，这 3 种犀牛已经在亚洲的很多地方绝迹了。

印度犀

爪哇犀

　　独角的印度犀可能是它们中生存情况相对较好的。据 2018 年的统计数据，在尼泊尔和印度东北的少数保护区，还生活着三四千头印度犀。这些体形仅次于白犀，居现生犀牛"第二大"的物种，是令孟加拉虎和豺群都不敢惹的动物。雌性印度犀的体重将近 2 吨，雄性则可以达到 3 吨，虽然它们的角长度有限（一般为 20 ~ 60 厘米），但凭借体形也可以震慑很多猛兽。

　　同样是独角犀牛，爪哇犀不仅体形比印度犀小一号，生存境遇也极不乐观，它们已成为现存数量最少的亚洲犀牛。2021 年的数据显示，爪哇犀目前仅剩 75 头，均生活在印度尼西亚的一家国家公园内。尽管好消息是它们的数量有增长的趋势，但依旧在新种群建立和栖息地不够多这两点上面临危机。

苏门答腊犀及幼崽

　　苏门答腊犀是亚洲唯一的双角犀牛。它们其貌不扬，身高、体重和黄牛差不多，但这种现存最小的犀牛却是和冰河时期披毛犀亲缘关系最近的物种。它们也已极度濒危。由于栖息的雨林遭到开发和破坏，加上无休止的猎杀，苏门答腊犀的种群数一度不足 80 头，婆罗洲的苏门答腊犀数目甚至降至个位数，而苏门答腊岛上的种群数量也所剩无几。为了保护这种犀牛，科学家已利用人工繁育等辅助手段来拯救它们，2022 年春天，苏门答腊犀幼崽"苏宝宝"的降生让人们又看到了希望。

北方白犀

　　犀牛作为古老族裔，它们现存的 5 个种的最终结局究竟会如何？难道再过几十年甚至几年，我们就要去博物馆里追寻它们的过去吗？为了唤起人们保护犀牛的意识，自 2010 年起，每年的 9 月 22 日被定为世界犀牛日。让我们心有灵"犀"，一起为这些始自远古时期的大家伙做点什么吧！

倒吊黑犀牛

　　为了让濒危的黑犀牛有一个更好的栖息环境，非洲国家公园会在麻醉它们后用直升机倒吊着它们运输到某地。一部分科学家起初对这个倒吊运输的方法心存疑虑，但研究和实践结果都证明，倒吊着运输黑犀牛并不会对它们造成伤害。

最"冷"的大猫

文 / 吕泽龙

　　每年的 10 月 23 日，是世界雪豹日。雪豹可是值得我们来说一说的高原上的"大猫"。

　　2021 年的七八月间，四川北部的王朗国家级自然保护区多次采集到雪豹的影像资料。这是岷江以东第一个确切的雪豹记录，意味着雪豹这种顶级食肉动物的分布又向东推进了一些。

　　在这之后，内蒙古自治区将成功救助的雪豹放归到阿拉善盟的贺兰山国家级自然保护区。这里的高山上有很多岩羊，人为活动干扰也不严重，是雪豹可以生存的地方。或许在不久的将来，贺兰山这片雪豹的"东部领地"，能和三江源、天山、祁连山等地一样，成为雪豹的梦想之家。

　　雪豹（*Panthera uncia*）是我国一级保护动物，在我国分布于青藏高原、祁连山、天山、川西以及贺兰山等地。中国是它们祖先诞生的福地，更是它们现在的美好家园。如今在我国，雪豹的数量已经从21世纪初的4100只左右增长到了5000只左右，相对于其他大猫，它的生存状况还算不错。

　　关于雪豹的起源，可以追溯到距今约440万年的上新世，一群名为布氏豹的猫科动物活跃在青藏高原上，它们属于猫科豹亚科。时至今日，布氏豹的后辈雪豹成长为守护雪山的"王者"，与亚洲的虎、非洲的狮旗鼓相当。

雪豹虽然被称作"雪山王者"，但是身材并不像狮虎那样魁梧巨大。成年雪豹尾巴的长度相当于体长的 75% 到 90%，除去尾巴，雪豹的长度只有 1 ~ 1.3 米，肩高不过 0.6 米，体重约 30 ~ 50 千克。雪豹不能像同为豹属的狮、虎、豹和美洲豹那样发出声势浩大的吼叫，因为它的舌骨已经基本骨化，声带结构也和狮、虎等的不同。

虽然个头和叫声在豹属动物中并不出彩，但雪豹的威猛之气却与生俱来。雪豹的名字里虽然带个"豹"字，但比起豹和美洲豹，它和虎的亲缘关系更近。而且，雪豹名字里的"雪"字，还赋予了它独一无二的冷峻。

宽大且多毛的脚爪不仅能够帮助雪豹在雪地中悄无声息地行走，也保持了脚的暖和；长长的尾巴使它们得以在崎岖的山地奔跑时维持身体的平衡；强壮的后腿则可以让它们一跃数米去追逐猎物。

此外，为适应高山的寒冷气候，雪豹的毛发密度高达每平方厘米 4000 多根，是人类头发密度的 20 多倍。一身黑斑盖雪的灰白皮毛也让雪豹得以在雪原上隐蔽自己，其他豹属动物可是没有雪豹这样的"装备"来适应雪域高原。

雪豹的主要猎物有岩羊、北山羊等，体形较小的动物如鼠兔和旱獭有时也会出现在它们的菜单上。作为高山顶级捕食者的雪豹，除了会捕食食物链中下游的草食动物外，还会对这些草食动物产生恐惧效应（指被捕食者因对捕食者的恐惧而改变自身的取食行为，从而影响到其他生物和相应的生态系统，且此改变的过程中捕食者未捕食猎物），可以直接或者间接地调节草食动物的种群数目，进而调节高山植被的生长和更新，是"治理"生态系统结构和功能的"统治者"。

雪豹身在高原，气候条件相对恶劣，栖息环境少有人迹，所以它受到的来自人类猎杀的生存威胁并不像中国中东部的老虎、花豹、云豹和金猫那么大。但和其他动物一样，它们同样面临着栖息地碎片化的危机。当畜牧业发展造成了草场退化，由此威胁到雪豹的猎物——食草动物的生存时，最终将殃及雪豹本身。而且，猎物的减少可能会迫使雪豹去捕猎人类饲养的家畜，从而加剧人兽冲突。

雪豹面临的另一个威胁来自流浪的藏狗。流浪藏狗经常结成大群，它们一边猎杀藏野驴、岩羊等保护动物（这些保护动物很可能是雪豹的食物），一边凭借团战攻击体形不大的雪豹并抢夺其猎物。这些流浪狗数量巨大，其凶猛程度比起狼群有过之而无不及。且流浪藏狗还有可能携带相应的病原体，感染雪豹。

当然，危机之下，雪豹的处境也有光明的一面。在政府政策的引导下，牧人们在牲畜遭遇雪豹袭击的时候一般会选择申请保险赔付，而非报复性猎杀。防盗猎队伍也在行动，保护着濒危的雪豹。此外，一些动物保护组织也在协助处理流浪藏狗的问题。野生动物摄影师还历尽艰辛，拍摄到雪豹等高原动物，并将作品传播到高原之外，让人们了解这些高原珍兽。

最近，三江源国家公园、大熊猫国家公园的设立，为雪豹这个一级保护动物的未来注入了更多的保障。如今，雪豹的种群正在恢复之中，希望人类能在全面调查、科学保护和正确理念的指引之下，继续与雪豹和谐共生。

《雪豹小分队》

2018 年 6 月，卧龙保护区进行了一次大规模的野外调查，中央电视台科教频道随同调查组一起进入了高海拔无人区，对雪豹在卧龙的种群分布进行了科学考察，拍摄了纪录片《雪豹小分队》。

海洋猛兽豹海豹

文 / 吕泽龙

　　提到豹子，许多人会想起那身手矫捷、尖牙利齿、满身花斑的猛兽；但提到海豹，许多人的脑海中往往会浮起一个个在冰面上或者海滩上圆滚滚的"胖精灵"形象。其实，海豹有很多种，有的海豹长相又憨又萌，比如竖琴海豹；有的海豹就是另一种画风了，豹海豹（*Hydrurga leptonyx*）虽然在体形上和其他海豹相似，都是纺锤状的粗圆身体，但它拥有豹子般的猛兽气质，加上灰色的身体上也有一些黑色斑点，和豹子有点类似，所以被称为豹海豹，也叫豹形海豹或者豹斑海豹。

要说豹海豹的个头，那可是超过狮虎，不输棕熊的。雄性豹海豹可以长到3米多长，300千克重，雌性豹海豹则要更大一些，身长可以超过3.5米，体重可达500千克。在它们的家乡南极洲，它们是体形第二大的海豹——仅次于南象海豹。

豹海豹拥有一个巨大的头部，它的嘴部前端有锋利的犬齿，是猎杀企鹅的利器。除了企鹅，它们也会捕食同族的食蟹海豹，尤其是未成年的食蟹海豹。豹海豹的嘴巴可以张得很大，猎物一旦被它锋利的犬齿咬上，必然遭遇巨大的伤害。豹海豹还有发达的嗅觉和良好的视力，它们的身体也是流线型的，这使得它们能在水中快速游动。力量、敏捷和速度，这三个方面的强大配置使得豹海豹处于南极海域食物链的顶端。

当然豹海豹也不是光吃那些大号的猎物，鱼和乌贼也在它们的菜单上，更少不了南极当地的著名"食材"——南极磷虾。豹海豹嘴后端的牙齿像筛子一样留有缝隙，捕食磷虾的时候，牙齿起到筛子的作用，可以把磷虾留在嘴里，水则被排出去。

打哈欠的豹海豹

不过，豹海豹在吃着磷虾、鱼、企鹅的时候，也要警惕更大型捕食者的"黄雀在后"。豹海豹也有潜在的敌人，那就是虎鲸。虎鲸不但体形巨大，性情凶猛，而且喜欢"群殴"，是最顶级的海上"杀手"。在虎鲸面前，即便是豹海豹，也只有被"宰"的份。有的豹海豹还会北上从南极游到新西兰和澳大利亚南部的海域，而在那里，除了虎鲸，大白鲨也会袭击它们，所以，远游的豹海豹更得格外小心。

比起在水里大开杀戒的虎鲸和大白鲨，豹海豹是可以上岸活动的，这也是它们远离捕食者的绝招。不过它们是海豹，和海狮大不相同——海狮在陆地上可以用鳍脚把自己的身体支撑起来一路"小跑"，而豹海豹不会和海狮一样在地上行走，它们只会在冰面上滑动（除了蠕动以外）。这也是区分海狮和海豹的主要方法之一。还有一个区分它们的方法是看耳朵——海狮有明显的小耳朵（外耳），而海豹则没有。

　　当然，对于豹海豹而言，它们在岸上的活动能力毕竟不强，而且岸上也不是获取猎物的最佳区域，不过岸上倒是更方便豹海豹照顾孩子。小海豹会在每年的 10~11 月出生，它们的父亲不会陪在孩子身边。小海豹由母亲贴身照顾，吃奶长大，哺乳期一般为 4 个星期。雄性长到 4 岁半、雌性长到 4 岁的时候，它们就性成熟了，下一代开始孕育，生命进入新的轮回。

豹海豹的性情凶猛暴躁，具有攻击性，且有伤人致死的记录，但是一般来说，只要不惹它们且和它们保持距离，它们并不会主动攻击人类。南极科考站的工作人员就很少和它们发生冲突，有的科考队员还被豹海豹当作同类，豹海豹将捕获的企鹅"分享"给科考队员吃呢。

随着全球气候变暖的不断加剧，如今，豹海豹的栖息地正在遭遇前所未有的破坏。未来，人和豹海豹还能继续共存吗？豹海豹的家园还会继续存在吗？我们还能继续见到这些南极"精灵"吗？

淡水海豹

大多数海豹生活在海域里，但却有一种海豹生活在淡水里，它就是栖息在贝加尔湖的贝加尔海豹。对于这一奇特的现象，研究者推测，在地球的上一次冰期，生活在北冰洋的海豹在河流结冰时，一部分向南迁徙来到贝加尔湖。冰期结束后，回不到海洋的它们只好留守本地，经过逐渐适应和演化，成为唯一的淡水海豹。

鲸有万千言，只待解语人

文/梁 爽

　　2021年，浙江沿海滩涂发生多起鲸类搁浅事件。每有此类事件发生，必有大量热心的工作人员前往事发地对搁浅鲸类进行救助。然而，一边是成群的"自杀者"，一边是疲惫的救助者，即便是在科技和救援技术如此发达的今天，人们面对这类搁浅的庞然大物时，依然显得有点力不从心。

2021年底，中国最大长须鲸骨骼标本在上海自然博物馆展出，该标本来自4年前在上海南汇海边搁浅的鲸

虎鲸

那么，鲸类为何会用搁浅的方式走上一条不归路呢？科学家认为，可能是地形环境或气候条件造成了鲸类的搁浅，也可能是由于"领队"鲸带错了路，而鲸类搁浅最可能的原因是它们身体内的导航出问题了。

鲸类是用回声定位系统来辨别沿途情况的，假如海洋中出现高强度的声污染，那么鲸类的导航失灵就难以避免。每年的7月14日是世界虎鲸日，本文就以虎鲸（*Orcinus orca*）为例，来聊一聊鲸类那特别的发声方式。

和包括人类在内的大多数哺乳动物不同，鲸类没有声带，不是靠从气管和肺冲出的气流不断冲击声带引起振动发声。它的发声器官位于前额的换气孔下方，是两对被脂肪包裹的、像嘴唇一样的构造，被形象地称作"声唇"。当空气进入声唇间的狭窄通道时，声唇薄膜就会闭合在一起，从而使周围的组织发出特定频率的振动，产生声信号，然后由额隆（突出的前额部位）传递到水中。

可见，鲸类的声信号并不是从嗓子里发出的，而是在鼻气道中产生的。这种不靠嗓音靠鼻音的发声方法，使鲸类的声音独具魅力。除了抹香鲸只有一对声唇外，包括虎鲸和海豚在内的大部分齿鲸都有两对声唇，因此可以同时发出两个互相独立的声音，产生复杂的发声组合。换句话说，虎鲸自己就可以唱出"二声部"的效果。

虎鲸的发声信号通常分为三种类型：哨声信号、嘀嗒信号和突发脉冲信号。这三类典型信号构建起了虎鲸家族庞大的语言体系，其中每一类信号又都可以细分为不同的声音，分别代表着不同含义。据推测，虎鲸能发出的声音种类多达几十种，足以形成一套丰富的、复杂的"语言"系统。

哨声信号具有非脉冲形式的连续波形，频率一般在1.5 ～ 18千赫之间。这种信号用于短距离信息的交流，如个体识别、信息传达，以及表达情感等，在虎鲸的社交场合中比较常见。

嘀嗒信号又称回声定位信号，是一种短时脉冲信号，主要用于导航和目标探测。虎鲸会对探测目标物不断收发回声定位信号，通过判断接收到的回波信号的时延来确定目标物的距离。目标物的不同表面所反射的多重回波信号会产生频谱干涉，虎鲸可以根据信号的"形状"脑补出目标物的外形和结构。这种嘀嗒声不是一成不变的。研究发现，生活在挪威海域以鲱鱼为食的虎鲸的嘀嗒信号，有着特殊的宽带双峰频谱结构，与其他海域虎鲸的嘀嗒信号明显不同。科学家推测，鲱鱼种群具有高反射强度和高灵敏的听力，容易感知到普通的嘀嗒信号，挪威虎鲸很可能是为了捕食鲱鱼，才逐渐进化出了调整嘀嗒信号的能力。

突发脉冲信号是一种以极高速率发出的数个短脉冲信号，是虎鲸最常见的发声类型，一般用于群体识别或活动协调。

挪威海域虎鲸捕食鲱鱼

高高跃起的虎鲸母鲸与幼鲸

突发脉冲信号的频率通常可达 4 千赫及以上。有学者根据发声出现的频次，将突发脉冲信号分为三种类型：离散型、变化型和异常型。离散型是虎鲸最常见的突发脉冲信号，其模式在一段时间内高度固定，很容易按照其结构特点细分成不同的类型；变化型模式不固定，很难进行细分归类；异常型的结构是在离散型的基础上进行了修改，虎鲸在社交活动中经常使用的就是异常型。

不同类型的突发脉冲信号存在着本质的区别，这说明它们可能在虎鲸的沟通过程中起着不同的作用。

既然科学家已经发现虎鲸的各种叫声，是不是意味着这些声音都能被人类亲耳听到呢？

人耳听力的大致范围在 20 赫兹至 20 千赫之间，可以听到虎鲸发出的大部分哨声信号和突发脉冲信号，但虎鲸运用超声波回声定位原理发出的嘀嗒信号的频率则远超人类的听力范围。这就是为什么我们在一些关于虎鲸的视频和音频中听到的大多是鲸类悠扬的长鸣，却几乎听不到嘀嗒声。

事实上，不仅是人类无法听到虎鲸的部分声音，即便是它的同类，也会迷失在不同虎鲸的声音信号中。以分布密度很高的南极海域为例，据估计，2019 年南极周边海域的虎鲸总数约为 2.5 万头，分为四种主要类型：南极 A 型、南极 B 型、南极 C 型

南极 B 型虎鲸露出水面

和南极 D 型。这四种类型的虎鲸不仅在形态、颜色、基因、栖息地、捕食偏好以及发声行为上都有差异，而且各类群之间也严格地保持着"社交距离"——几乎没有任何交流，也不会杂交，尽管它们的活动区域可能会重叠。

此外，研究发现，虎鲸的发声技能不是通过基因遗传的，而是通过后天学习获得的。虎鲸从幼年起便开始从母鲸或家族其他成员那里学习"语言"，由于不同类群的虎鲸之间并不交流，长此以往，"语言"产生了误差及新变化，不同的家族便形成了各自的"方言"，即一套特有的、模式固定的发声方式。

尽管针对虎鲸的声呐系统，科学家已经展开了大量的研究，包括生物声呐系统的结构解剖、各种动物行为学测试、记录并分析生物声呐发射的信号特征等，但是截至目前，人类对虎鲸"语言"的了解仍然十分有限。

　　随着越来越多的考察和观测以及高科技设备的运用，人类一定会揭开更多关于虎鲸"语言"的秘密。研究虎鲸的发声和行为，不仅有利于仿生研究设计、改善声呐系统，

虎鲸围猎海豹

更重要的是，了解鲸类的习性和行为模式对更好地保护它们有着十分重要的意义。也许有一天，面对成群冲向浅滩的鲸，人类可以发出最"温柔"的声音，引导它们顺利回归大海。

听懂虎鲸的海豹

尽管人类听不懂虎鲸的"语言"，而且虎鲸之间也会因为各自的"方言"产生交流障碍。但其实不同的鲸类之间，甚至鲸类与其他物种之间也不是完全没有"交流"的，只是这所谓的"交流"未必非要通过声音来进行。很多动物可以通过外形（如警戒色、鬃毛等）、信息素、肢体语言、行为方式等发出信息或者理解天敌的行为和动机。一些长期共存的物种通常会更容易理解彼此发出的信息，比如海豹就能"听"懂虎鲸的语言。苏格兰圣安德鲁斯大学的海洋生物学家沃克·迪格做过一个实验，他录下了两种不同的虎鲸叫声，一种以捕食海豹为主，另一种以捕食鱼类为主，然后让一种野生斑海豹听这些录音。当海豹听到前一种虎鲸的叫声时，立刻陷入不安与恐慌；而当听到后一种虎鲸叫声时，却表现得十分淡定。这至少说明，海豹在一定程度上具备识别不同种类虎鲸叫声的能力。

恶名之下的植物"媒婆"

文 / 玛 青

　　自然界中大多数有花植物都是由动物传粉的，尤其是在热带地区的一些生境中，有高达99%的物种由动物传粉。在这些承担着传粉使命的"媒婆"中，除了人们熟知的蜜蜂、蝴蝶等昆虫外，还有不少鸟类和蝙蝠。

　　由于栖息的环境以及夜行的特点，蝙蝠在许多人的印象中是黑夜与恐惧的象征，特别是多次的病毒大传播都有它的份，加上传说中吸血蝙蝠的"恶名"，更让我们对蝙蝠存有不良的印象。事实上，蝙蝠种类繁多，和人打交道绝不是它们的特长。在食性上，有些蝙蝠捕食昆虫或者其他小动物，有些则是素食者，特别喜爱花蜜和果实。它们在长期的进化过程中，与一些植物达成了互惠互利的"约定"，植物为蝙蝠提供食物，蝙蝠则为植物传粉，帮助植物繁衍后代。

　　蝙蝠是地球上除了人类之外数量最多、分布最广的哺乳动物，早在恐龙刚灭绝之后的新生代始新世，蝙蝠的早期成员就已经出现，而且和现在的成员相差无几。

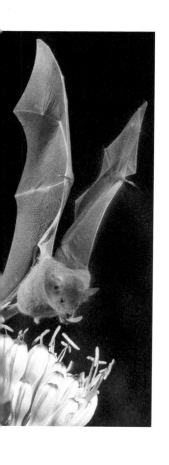

在分类学上，蝙蝠是哺乳纲翼手目动物的通称，全世界共有 1000 多个物种，分布于森林、岩洞和山地等生境中，扮演着生态链中的关键角色。目前，世界上的传粉蝙蝠主要包括两个类群：分布于亚洲、欧洲和非洲的狐蝠科（Pteropodidae）和分布于美洲、大洋洲的叶口蝠科（Phyllostomidae）。

这两个蝙蝠类群虽然有着不同的分布区域，却趋同演化出一些相似的形态特征，以适应其吸食花蜜的生活习性，如突出的吻部、缩小的齿列、明显减少的牙齿数目，以及顶端有毛状乳突的长舌头，可用来快速地收集花蜜。

然而，虽然大部分狐蝠科成员喜好吸食花蜜，但它们的主要光顾对象并不是花朵，而是果实，植物如果想依靠这些机会主义者来传粉，那还需要运气。与狐蝠科的同伴们相比，叶口蝠科的蝙蝠在传粉方面则更有"责任心"，这也要归功于它们具有更为特化的身体结构，如更小的体形和更长的舌头。这些蝙蝠在取食时喜欢盘旋于花朵上方，而不直接停歇在花朵上。因此，由叶口蝠科传粉的花朵一般更小。

为了吸引蝙蝠这类对色彩不敏感的大型夜行性传粉者完成传粉任务，一些植物演化出了部分共同的特征，如夜间开花、不甚鲜艳的花色（白色、棕色、绿色和紫红色等），以及明显的腐臭味。有些植物甚至可以为蝙蝠提供"回声定位"服务，方便蝙蝠更快找到需要传粉的花朵。如生长于美洲的一种鲜豆（*Mucuna holtonii*），可以通过改变超声波反射角将开花状态传达给蝙蝠，当蝙蝠访问一朵从未被传粉过的花朵时，即可获得比平常多出五倍的花蜜作为回报。

除了色彩与气味以外，可食用的花蜜、花粉和植物组织也是植物吸引蝙蝠传粉的重要工具，花蜜的多少及其含糖量可以直接影响蝙蝠的访花次数。例如，锦葵科的一种马鞭麻属植物（*Luehea grandiflora*）只能由分布于巴西塞拉多区域的长舌叶口蝠亚科蝙蝠传粉，这并非是因为该物种的花在结构上不适应体形较大的蝙蝠类群，而是由于其花蜜含量不足以吸引其他种类的传粉蝙蝠。

对由蝙蝠传粉的植物而言，花朵的气味、颜色和结构特点对吸引蝙蝠的造访具有重要作用，而花朵的大小、性状、位置和开花时期则决定了与其合作的传粉蝙蝠们能否顺利接触到花粉并完成传粉过程。

与其他由昆虫或鸟类传粉的花相比，由蝙蝠传粉的花通常较大，质地坚韧。从花冠形态来看，大致可分为三种类型：

一是由许多小花或多数伸长的雄蕊组成球状雄蕊群，花蜜从花冠底部分泌出来，这样蝙蝠为了吸到花蜜，便会紧贴花朵或花序而使前胸沾满花粉。

二是花药突出的管状花冠。

三是杯状或钟状的开放型花冠，当蝙蝠将头伸入花冠取蜜时，头上便沾满花粉。

此外，由蝙蝠传粉的花朵常常生长于树枝或树干上，或悬挂于长长的总花梗上，这无论对于依赖视觉或嗅觉导航并寻找食物的多数狐蝠科蝙蝠，还是对于拥有回声定位器官的叶口蝠科蝙蝠来说，都十分便于寻找、接近和离开。从生态学角度看，许多由蝙蝠传粉的植物都是各大洲不

同生境的重要成员，包括分布于东非大草原的猴面包树，分布于沙漠、干旱和半干旱等生境中的柱状仙人掌、龙舌兰，分布于热带雨林的木棉科植物等。从经济学角度看，这些植物类群及其近缘的栽培物种均具有极高的经济价值。木棉树（*Ceiba pentandra*）是纤维制品的重要原料，龙舌兰（*Agave tequilana*）是酿造龙舌兰酒的重要原料，桉属（*Eucalyptus*）则是澳大利亚的主要用材树种。此外，香蕉的野生近亲和榴莲等水果同样由野生蝙蝠进行传粉。

蝙蝠在维持生态平衡中的作用是不容小觑的。许多我们爱吃的水果和重要的经济作物均仰仗蝙蝠的传粉，而蝙蝠在食用花蜜和植物果实的同时，也将种子散播至各地，保护了区域物种的多样性。因此，我们应该保护好蝙蝠的栖息地。

吸血蝙蝠

在美洲的中部和南部，有三种吸血蝙蝠。它们群居在黑暗的山洞里，天黑后集体飞出，找到吸血对象后，就像癞皮狗一样贴上去，有的攻击鸟，有的攻击哺乳动物。吸血蝙蝠的门齿或犬齿就像小刀，可以切开对方的皮肤，唾液中则有抗凝血剂，让对方流血不止，直到它吸饱飞走。吸血蝙蝠不但伤害动物，而且会传播狂犬病等。

图书在版编目（CIP）数据

猪八戒是黑猪还是白猪 / 宋婉莉主编 . -- 上海 : 少年儿童出版社 , 2023.3

（多样的生命世界 . 悦读自然系列）

ISBN 978-7-5589-1422-5

Ⅰ . ①猪… Ⅱ . ①宋… Ⅲ . ①哺乳动物纲—少儿读物Ⅳ . ① Q959.8-49

中国国家版本馆 CIP 数据核字 (2023) 第 026211 号

多样的生命世界·悦读自然系列

猪八戒是黑猪还是白猪

宋婉莉　主　编

周　明　副主编

上海介末树影像设计有限公司　封面设计

陈艳萍　装　帧

出版人　冯　杰

责任编辑 谢瑛华　美术编辑 陈艳萍

责任校对 沈丽蓉　技术编辑 陈钦春

出版发行　上海少年儿童出版社有限公司

地址　上海市闵行区号景路 159 弄 B 座 5–6 层　邮编　201101

印刷　上海中华印刷有限公司

开本 890×1240　1/32　印张 6.75

2023 年 5 月第 1 版　　2023 年 5 月第 1 次印刷

ISBN 978-7-5589-1422-5/ G·3720

定价 48.00 元